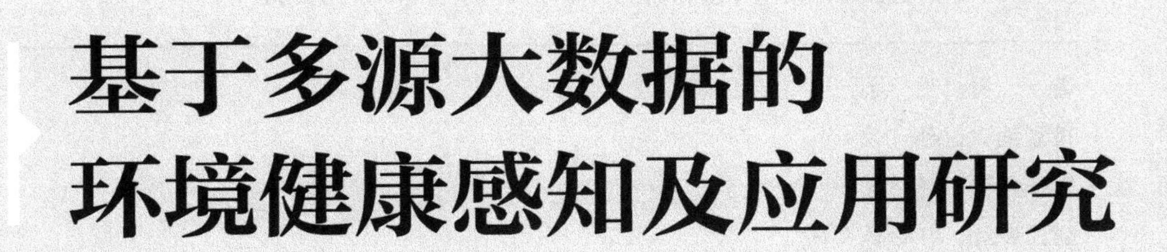

基于多源大数据的环境健康感知及应用研究

王　娟 / 著

北京工业大学出版社

图书在版编目（CIP）数据

基于多源大数据的环境健康感知及应用研究 / 王娟
著 . -- 北京 : 北京工业大学出版社 , 2023.8
ISBN 978-7-5639-8382-7

Ⅰ . ①基… Ⅱ . ①王… Ⅲ . ①城市热岛效应—环境影
响—健康—研究 Ⅳ . ① X16 ② X503.1

中国国家版本馆 CIP 数据核字 (2023) 第 176218 号

基于多源大数据的环境健康感知及应用研究

JIYU DUOYUAN DASHUJU DE HUANJING JIANKANG GANZHI JI YINGYONG YANJIU

著　　者： 王　娟
策划编辑： 孙　勃
责任编辑： 付　存
封面设计： 红杉林文化
出版发行： 北京工业大学出版社
（北京市朝阳区平乐园 100 号　邮编：100124）
010-67391722（传真）bgdcbs@sina.com
经销单位： 全国各地新华书店
承印单位： 北京虎彩文化传播有限公司
开　　本： 710 毫米 ×1000 毫米　1/16
印　　张： 9
字　　数： 151 千字
版　　次： 2023 年 8 月第 1 版
印　　次： 2023 年 8 月第 1 次印刷
标准书号： ISBN 978-7-5639-8382-7
定　　价： 58.00 元

序言

快速城市化和人类活动引起的气候变化已引起愈加频繁和严重的城市环境问题，严重影响着居民健康。例如，2020 年 12 月发布的《柳叶刀人群健康与气候变化倒计时 2020 年中国报告》中首次引入了热相关早逝、极端高温等指标；2021 年《柳叶刀》发表的“高温与健康专辑（Series on Heat and Health）”中指出高温对居民健康的负面影响正在持续加剧。城市空气污染等环境问题还会显著降低城市居民的幸福感，增加其负面情绪以及疲劳感。与此同时，《“健康中国 2030”规划纲要》提出要把健康城市和健康村镇建设作为推进健康中国建设的重要抓手，指出要划定环境健康高风险区域，开展环境污染对人群健康影响的评价，探索建立高风险区域重点项目健康风险评估制度。而城市化进程的持续推进将会引发更为频繁的高强度热浪。因此，在积极推动可持续发展和建设健康中国的战略指导下，关注快速城市化区域环境健康问题，已成为众多学者和政府决策者的重要议题。

目前，地理学者通常以相关疾病在医院的就诊人数等统计数据为评价指标，基于联合国政府间气候变化委员会风险评估理论框架研究城市环境对居民健康的影响及其空间格局。然而，在实践中因数据源限制，该评价指标并不能及时、全面地反映出环境对人群健康的影响，且空间格局研究中存在人群因素考虑不足的“瓶颈”问题。社交媒体微博大数据包含丰富的虚拟空间群体的时空位置信息和情感表达等语义信息，卫星遥感影像可有效刻画地理现实空间城市环境时空分异特征，通过对虚拟空间健康感知与现实空间的时空匹配分析，可科学测度城市环境对居民健康的影响，精准刻画其空间格局。因此，地理大数据为开展城市环境对居民健康影响的测度及空间分异研究提供了新视角和新方法。

不同类型的大数据在地理研究中得到越来越多的重视，其中，带有时空标记的微博大数据包含丰富的群体对地理环境的情感和认知信息，这些信息为从群体感知角度评估城市环境对健康的影响提供了新契机。本专著在最近几年相关项目研究的基础上，结合遥感、微博数据等地理大数据，提出了以群体健康感知为指标的评估城市环境对健康影响的方法，并以中国主要城市为研究区开展实证研究，对比城市环境对健康影响的空间分异性。

本专著作者王娟博士，现任北京联合大学应用文理学院城市科学系副教授，长期从事地理大数据挖掘方法及其在环境健康风险评估中的应用。该专著由北京市属高校高水平教师队伍建设支持计划青年拔尖人才培育计划资助。在此也特别感谢地理学科研究生为此书所做的工作和努力，其中，第一章内容由苑雨婷同学协助完成，第二章内容由朱彦蓉、姬慧敏同学协助完成，第七、八章内容由姬慧敏同学协助完成，第九章内容由朱彦蓉同学协助完成。全书由王娟、朱彦蓉和苑雨婷共同审阅、校订。

目录

理论基础篇

案例应用篇（一）　高温热浪对健康影响的感知研究

案例应用篇（二） 空气污染对健康影响的感知研究

理论基础篇

第一章　大数据概念及相关技术

1.1　大数据基本概念

当今信息时代，大数据成了一个广泛讨论和研究的话题。进入21世纪之后，信息技术革命进入高级阶段，开启了以数字化、数据化和智能化为特征的第四次工业革命。当数字技术的嵌入和应用发展至一定阶段时，必然会产生大量关于各行各业的数字资源，经济社会开始被大规模地数据化。个人生活和社会化管理很多都依赖数据进行决策。数据驱动的决策和创新模式对各行各业都产生了重要影响，信息技术素养的侧重点也实现了从信息素养、数字素养到数据素养的转变，要求人们能够阅读、理解数据，并用数据进行沟通、传递和共享信息。随着大数据、物联网、人工智能、区块链以及云计算等高效能数字技术、智能技术的发明和应用，社会各个领域的数据资源、规模、速度与潜在价值等呈现几何级数增长，多元、异构、海量的大数据资源将信息社会推入了大数据时代。

学者普遍认为，大数据是大规模异构数据所构成的一种数据集合，能够运用科学的数学计算方式或是工具自数据集合之中挖掘更富有价值的信息数据，是提高社会经济效益的一种有效手段。大数据也可称为海量数据、大资料等，包含的信息数据量极为庞大，大到难以在合理期限内由人工完成数据的收集、管理以及分析，从而获得有益于人类社会或是经济发展的信息。大数据概念正式被学术界提出是在2008年。著名期刊*Nature*和*Science*针对大数据分别出版了专刊*Big Data*和*Dealing with Data*。它们围绕互联网技术、环境科学、生物医药等多学科，从不同维度阐述了如何处理现代科学面临的数据洪流挑战以及大数据对于科学研究的意义。2012年3月，美国政府启动大数据研究和发展计划，将大数据研究上升至国家发展战略的高度，大数据的影响从学术领域扩展至实践领域。各种主流媒体的宣传使普通民众也开始意识到大数据的存在。如今，随着大数据的广泛普及和应用，在大数据驱动决策浪潮的推动下，大数据已经成为重要的生产生活要素，一个崭新的大数据时代也随之来临。

事实上，数据科学和大数据技术有着悠久的历史，数据科学与大数据的结合正在重塑行业和学术界。虽然大数据已成为当前学界的热词，但关于大数据内涵和外延的界定一直未有定论。实际上，给大数据以确切定义其意义并非在于明确地圈定哪些数据属于大数据，而是在于指导人们如何进行大数据分析以及如何在应用中避免大数据的局限性[1]。麦肯锡公司基于数据量，从较为通俗易懂的角度给出了大数据的定义：那些数据规模大到无法用传统数据库软件和工具处理的数据集[2]。信息专家涂子沛[3]认为大数据是能够通过数据交换、整合和分析发现新知识和创造新价值的海量数据。中国工程院院士李国杰认为，大数据是指无法在可容忍的时间内，用传统信息技术和软件、硬件工具对其进行感知、获取、管理、处理和服务的数据集合。维克托·迈尔－舍恩伯格（Vikor Mayer–Schonberger）等曾在《大数据时代》中给出了大数据的价值定义——大数据的“5V”特征，即：Volume（大量）、Velocity（更新快）、Variety（多样）、Value（价值）、Veracity（真实性）。大数据的产生主要源于传感器、网络和计算技术的突破，因而体现出数据量大、更新快以及种类多样（前 3 个“V”）的特征。另外，大数据的获取多为传感器用户的自发性上传（如微博和微信数据的获取）或非目的性记录（如手机信令、公交刷卡记录等），如以数据产生的主体为研究对象，则此大数据当属非目的性的观测数据，该数据通常含有大量噪声，最终导致其具有价值密度低、真实性差（后 2 个“V”）的特征。其实，“5V”的刻画也仅仅是大数据的表象，并非大数据真正的定义。

大数据的本质被认为是针对研究对象的样本“超”覆盖，当然，此处并非指完全没有遗漏的样本覆盖，而是指超出目的性采样（也可称为“小数据”）范畴的、趋于全集的信息获取（只有在极端情况下，“超”覆盖才可能是全集样本）。大数据的本质所导致的这种信息覆盖，突破了目的性和局部性的传统采样的局限，带来了思维方式和认识上的变革。由此可以推论，地理大数据就是针对地理对象的“超”覆盖样本集，此处的“超”覆盖涉及时间、空间与属性维度。同样地，地理大数据也具备“5V”特征，但地理大数据同时还具有自己独特的性质，这将在后面的章节进一步论述。地理大数据的内涵表明，其辨识度集中体现在以下两点。

（1）地理大数据与其他大数据之间的差别在于是否具有时空属性。

（2）地理大数据与小数据的区别在于样本的覆盖度。

地理大数据内涵的确定是基于获取信息的模式，而其外延的划分则依赖于信息采集的手段。根据所使用的传感器类型以及数据所记录对象的不同，可将地理大数据分为对地观测大数据和人类行为大数据两类。其中，对地观测大数据记录地表要素的特征，获取信息的传感器类型主要包括航天、航空以及地表监测传感器等，以主动获取的方式为主，对应的数据包括卫星遥感、无人机影像以及各类监测台站（网）的数据等。人类行为大数据记录人类移动、社交、消费等各种行为的信息，信息获取的传感器种类繁多，包括手机终端、智能卡、社交媒体应用、导航系统等，以被动的获取方式居多，可视为人类活动的足迹（footprint），所产生的数据包括手机信令数据、出租车轨迹数据、物联网数据以及社交媒体数据等。两类大数据直接关注的主要对象分别为“地”和“人”。

人类发展与地理环境之间的关系一直是地理学研究的核心论题，而地理大数据的应用，使得对地观测与人类行为大数据的全面结合成为可能，从而为地理学中人地关系的研究提供了新资源、新动力和新视角。两类数据关注的角度各异，数据结构、粒度和表达方式又不尽相同，继而为地理大数据的分析与处理提出了新命题。总结起来，地理大数据的特征可以总结为“5度”：时空粒度、时空广度、时空密度、时空偏度和时空精度。

大数据是规模巨大、多样化、高速生成的数据集，人们通过使用先进的数据处理和分析技术，从中提取有价值的信息，并洞察信息。大数据对决策、创新和竞争力的提升具有重要作用，并且在各个领域都有广泛的应用。

1.2 相关技术研究进展

大数据技术一直不断发展和演进，随着科技的进步和需求的多样化，新的应用趋势和技术不断涌现。

（1）大数据的边缘计算和边缘分析：随着物联网的兴起，边缘设备不断增加，边缘计算和边缘分析成为大数据技术的重要趋势。边缘计算和边缘分析将计算和分析推向数据源附近，减少了数据传输和延迟，并提供实时的响应和洞察。这种分布式的计算模式可以大大提高大数据处理的效率和可扩展性。

（2）异构数据处理技术：大数据不仅涉及结构化的数据，还包括非结构化的数据和多样性数据。异构数据处理技术成为数据处理的一种重要手段，具备处理各种数据类型和格式的能力，包括文本、图像、音频、视频等。为了有效地处理这些数据，需要发展适应异构数据的存储、索引、查询和分析技术。

（3）深度学习和人工智能技术：深度学习和人工智能技术在大数据分析中扮演着重要角色，并且将继续发展。深度学习算法可以从大规模数据中提取复杂的特征和模式，为各种应用提供更准确的预测和决策支持。人工智能的发展将推动大数据技术朝着更智能化和自动化的方向发展，提高数据分析的效率和质量。

（4）实时数据分析：实时数据分析是大数据技术的一个重要趋势。随着数据产生速度的加快，很多应用需要实时对数据进行处理和分析。实时数据分析技术可以帮助实时监控、预警和决策，应用领域涉及金融交易、交通管理、社交媒体分析等。为了实现实时数据分析，需要开发高效的流式数据处理和复杂事件处理技术。

（5）大数据隐私和安全技术：随着大数据的广泛应用，数据隐私和安全成为一个重要的关注点。保护大数据的隐私和安全是大数据技术发展的一个重要趋势。针对大数据环境中的威胁和攻击，平台威胁检测和预测技术得到了快速发展。基于机器学习和数据挖掘的技术可以分析大量的数据，检测异常行为和潜在的安全威胁，区块链提供了去中心化、分布式的数据存储和验证机制，确保数据的完整性和不可篡改性，增强大数据的安全性和可信度，这些技术可以通过实时监测和分析来预测和预防安全事件的发生。

（6）自主性和可解释性：自主性指的是能够自主地发现和学习数据中的模式和知识，从而进行数据分析和处理。可解释性是指对数据分析和决策结果能够给出清晰的解释和理由。自主性和可解释性的提高将增强大数据技术的可信度和可靠性。

（7）随着大数据的广泛应用，数据伦理和社会影响也成为一个重要的研究领域。数据伦理关注数据的收集、使用和共享是否合乎道德和法律的要求。社会影响关注大数据对社会、经济和政治的影响，包括隐私权、数据所有权、算法偏见等问题。

1.2.1　互联网大数据存储及管理技术

近年来，随着互联网、云计算以及物联网等技术的高速发展，大数据技术成为学者研究的重点。移动设备、无线传感设备持续产生的数据以及大规模网络用户不断形成的数据分享，使数据量明显增多，这就需要采用合理且科学的储存技术以及管理技术予以处理。混合数据存储是大数据技术的基础。在大数据环境下，数据量达到了PB级甚至EB级。大数据存储一方面需要提供超大容量的存储空间；另一方面需要支持对海量数据进行智能检索和分析。为了兼容各种类型的大数据应用，大数据存储需要提供混合的数据存储模型，支持文件、对象、键值、块等多种访问接口，这是大数据技术的基础[4]。同时随着大数据业务的发展，混合数据库架构成为大数据发展的趋势，除面向强关系型的结构化查询语言（SQL）数据库，面向各类应用的接口灵活、功能丰富且高效的非关系型数据库（NoSQL）也得到了蓬勃发展。在应用类型多样、数据种类繁多的大数据平台中，融合关系型数据库、列数据库、内存数据库、图数据库等多种数据库的混合数据库架构，能够满足多种场景下的数据处理需求，是大数据发展的必然趋势。

大数据缓存采用分布式缓存，分布式缓存主要采用缓存阵列路由协议（CARP）技术，能够有效保障缓存的高效性，且实现无接缝式效果；在运用方面，能让多台缓存服务器构成一个整体，且不会形成数据重复性储存的问题。

通常情况下，分布式缓存所提供的数据内存缓存分布在大规模独立的物理计算机之中。换言之，分布式缓存所管理的计算机实则是一个集群，其重点负责保证集群内所有成员的定期更新，同时负责执行不同类型的操作，例如，当集群内某一计算机产生故障时执行故障转移，或是当某一设备在进入集群时执行故障恢复。

分布式缓存能够支持部分基础配置，包括重复、分区以及分层。其中重复的主要作用是提升缓存数据的可应用性。在这种情况下，数据重复缓存在系统之内的多个计算机中。如此一来，即便是某一计算机出现故障，其余计算机也能够继续提供该数据并保证运算顺利开展。分区的作用重点是提高可伸缩性。利用分区将数据分散至各个计算机之中，则内存缓存的大小会伴随着分散设备数量的增多而呈线性增长。综合分区和重复两种机制构建的缓存便兼具大容量以及高伸缩性的优势。分层缓存也称为客户端—服务器缓存，该缓存属于拓扑结构，本结构内缓存功能将全部集中于一台计算机之上。通常情况下，缓存客户端不会直接开展任何缓存操作，而是连接到缓存，并查询或更新数据集之中的数据。分层缓存结构能够包含多层不同的结构。

1.2.2 遥感大数据技术发展

遥感大数据是指通过遥感传感器获取的大量地球观测数据。海量的数据是遥感技术的发展基础，为了将海量数据中的有效数据进行处理，需要专业的技术人员将关联性较高的数据进行综合性的分析与处理。之后对这些整理后的数据进行更深层次的分析与探讨，从而加强对数据资料的利用效率。若仅对遥感大数据的某种类型的数据进行检索，无法顺应时代的发展。遥感大数据的检索技术若想获得发展，首先，需要采集海量的遥感数据信息作为数据基础，结合数据类型的特点，将其与场景互相匹配，生成检索服务链，从而满足人们的数据需求[5]。其次，将用户的感知信息融入其中。可以使用有效的技术与手段，提升大数据技术的自主性，从而对图像数据进行检索。

目前，我国的科技水平不断提升，若想使遥感大数据进一步发展，就需要利用高科技的技术与手段，使遥感大数据技术可以为社会提供更优质的服务，使遥感大数据技术不断向知识方向进行发展。目前，人们还没有完全掌握遥感大数据技术的优势，但在实际应用大数据技术的过程中，数据处理方式已经开始由传统的“面向像素”转换为“面向对象”，从而将相关数据进行更加高效的提取与准确区分。不同类型的数据会存在不同的语义，用户在使用过程中不能充分理解数据之间存在的关联性特点，就会发生场景信息认识不全面的情况。为了解决该问题，相关技术人员要将大数据技术作为基础，对内容与场景进行更加深入的研究，尤其是将语义模型的构建（主要包含数据特点、数据目标与数据场景）和对遥感大数据的场景形成多元化的认知作为重点进行研究。

随着遥感技术和数据采集能力的不断提升，遥感大数据的处理和分析成为一个重要的研究领域。以下是目前关于遥感大数据技术发展的一些重要方向。

（1）高分辨率遥感影像处理：高分辨率遥感影像具有丰富的空间信息，对于地表特征的识别和分析具有重要意义。发展高效的高分辨率遥感影像处理技术（包括影像配准、分割、分类、变化检测等）可以提高遥感数据的利用价值。

（2）多源遥感数据融合：多源遥感数据融合是将不同传感器、不同时间和不同空间分辨率的遥感数据进行整合和集成的过程。通过融合多源数据，可以提高数据的精度和可靠性，同时获取更全面的地表信息。融合技术包括像元级、特征级和决策级融合等方法。

（3）遥感数据压缩和存储：由于遥感数据的体量巨大，高效的数据压缩和存储技术对于遥感大数据的有效管理和传输至关重要。发展高效的压缩算法、数据压缩与解压缩技术、数据索引和检索方法，可以降低存储和传输成本，并提高数据的访问效率。

（4）遥感数据挖掘和机器学习：遥感大数据中蕴含着丰富的地表信息，充分利用数据挖掘和机器学习技术，就可以从大数据中发现潜在的地貌特征、环境变化和地球系统动力学过程。应用聚类、分类、回归、时空分析等方法，可以实现对遥感数据的智能分析和模式识别。

（5）时序遥感数据分析：时序遥感数据包含了地表变化的演化过程，对于环境监测、资源管理和灾害监测具有重要意义。发展时序遥感数据的分析方法（包括时间序列分解、趋势分析、异常检测和周期性分析等）可以揭示地表动态变化的规律和趋势。

（6）遥感大数据可视化和交互分析：遥感大数据的可视化和交互分析是将复杂的遥感信息以直观和易理解的方式展示给用户的过程。发展多维数据可视化技术、交互式分析工具和地理信息系统集成，可以帮助用户从遥感大数据中提取有用信息，并支持决策和规划过程。这些新技术的不断进步将推动遥感大数据在地球观测和环境研究领域的应用和发展。

1.3 小结

本章总体阐述了大数据的相关概念、数据特征、存储及管理技术等，从地理大数据、互联网大数据、遥感大数据等方面进行介绍。近些年，越来越多的地理学者依托大数据做研究取得了丰富的科研成果。例如，具有时空标记的社交媒体微博大数据为从虚拟空间视角测度城市热岛（UHI）对健康的影响及其空间分异提供了新视角，学者们开展了初步探索工作并取得了一定的成果，不同类型大数据在地理研究中得到越来越多的重视[6-7]。例如，在地理研究中，带有时空标记的微博大数据包含丰富的群体对地理环境的情感和认知信息[8]，这为从群体感知角度评估高温热浪风险及其机制提供了新契机。本项目拟联合遥感、微博数据等地理大数据，发展以群体热感知为指标的热浪风险评估方法；在理论研究基础上，以中国主要城市为研究区开展实证研究，对比高温风险的空间分异性。本项目拟基于地理大数据驱动的研究范式，提出虚拟空间视角下城市热岛健康效应的健康指标及提取方法，发展城市热岛对居民健康影响的空间格局研究方法，以解决传统研究数据限制的“瓶颈”问题，形成地理大数据与智能分析技术结合的地理学研究新范式。

第二章　环境健康概念及研究进展

2.1　环境健康概念

在传统研究中，环境与健康分属两个不同的研究领域，由不同的学者进行专门化的研究，因此各自的定义也是割裂的。

环境的定义有广义和狭义之分。广义的环境是自然环境和社会环境的总称，在《辞海》中对“环境”的定义是：一般指围绕人类生存和发展的各种外部条件和要素的总体；《中华人民共和国环境保护法》中对“环境”的定义是：指影响人类生存和发展的各种天然的和经过人工改造的自然因素的总体。包括大气、水、海洋、土地、矿藏、森林、草原、湿地、野生生物、自然遗迹、人文遗迹、自然保护区、风景名胜区、城市和乡村等。狭义的环境仅指自然环境，是指由气候、地貌、水文、土壤、植被与动物界有机组合的自然综合体。现在常提到的有关环境的概念中还包括“生态环境”，其主要属于自然环境，以所有生命有机体为中心，强调自然环境对生物群落的承载、对生命过程的维持、对生态平衡与生物多样性的保护。

世界卫生组织将健康定义为“不仅指身体没有出现疾病或虚弱，而且指一个人生理上、心理上和社会上的完好状态”[9]。即健康包括身体健康、心理健康、社会适应和道德健康四个方面，这四个方面相互交叉融合，难以实现完全分割。现在普遍认可的健康含义主要包括两方面的内容：一方面是指人的身体发展状况良好，各系统生理表现正常，无疾病，具备基本的身体活动和劳动能力；另一方面指在身体和心理上都具有良好的环境适应能力，在环境变化时，能够很好地适应环境，从而抵御疾病中存在的潜在风险。健康不仅与个人的生存和发展息息相关，还影响着整个社会的运作。健康应该是身体状况和心理状态的综合反映。

当今世界，随着工业革命的不断推进以及工业化和城市化的快速发展，环境污染与生态破坏问题逐渐凸显，成为影响人类健康的重要因素。一大批学者关注到环境与健康之间密不可分的关系，并针对两者进行了辩证统一的研究。严重的生态环境问题给人民群众带来了极大的健康危害。据世界卫生组织（World Health Organization，WHO）统计，在全球范围内，24% 的疾病和 23% 的死亡可归因于环境因素；从区域差异来看，发达国家只有 17% 的死亡可归因于环境因素，而发展中国家则有 25% 的死亡可归因于环境因素。具体而言，环境健康是指研究自然环境和生活环境与人群健康的关系，揭示环境因素对人群健康影响的发生、发展规律，为充分利用环境有益因素和控制环境有害因素提出卫生要求和预防对策，增进人体健康，提高整体人群健康水平的科学[10]。环境健康工作的主要任务就是揭示环境因素对人群健康影响的发生、发展规律，以识别、评价、控制环境危险因素对健康的影响及环境相关性疾病的发生。开展环境健康风险评估与预警工作对保障公众健康，促进社会与经济协调发展具有重要意义，这是环境健康工作的重要内容。

2.2 研究进展

2.2.1 空气污染与人类健康

随着城市化的快速发展，城市中频繁发生的空气污染事件严重威胁着居民的健康[11]。空气污染，又称为大气污染，国际标准化组织对空气污染定义为由于人类活动或自然过程引起某些物质进入大气中，呈现出足够的浓度，达到足够的时间，并因此危害了人类的舒适、健康或环境的现象[12]。常见的室外空气污染物包括颗粒物（Particulate Matter，PM）、二氧化硫（SO_2）、二氧化氮（NO_2）、一氧化碳（CO）、臭氧（O_3）。其中，颗粒物又包括可吸入颗粒物和细颗粒物。可吸入颗粒物是指粒径在 10 微米以下的颗粒物，又称 PM_{10}；细颗粒物是指空气动力学当量直径小于等于 2.5 微米的颗粒物，又称 $PM_{2.5}$。

世界卫生组织于 2021 年新版的《全球空气质量指南》中指出空气污染有害人类健康，甚至在低于以往所知的浓度水平也会导致损害[13]。有学者[14]指出有 18 种门诊疾病就诊次数的增加与空气污染物浓度的升高有关。尽管过去三十年中全球空气质量状况有所改善，但仍有数百万人因空气污染过早死亡[15]。据估计，空气污染导致的过早死亡人数由 2019 年的 420 万增长至 2021 年的 700 万。随着城市化、工业化进程的不断推进，中国成为全球空气污染较严重的国家之一[16]。近年来，在空气质量得到显著改善的情况下，中国许多经济发达城市的 $PM_{2.5}$ 年平均浓度仍然超过《全球空气质量指南》建议浓度（10 $\mu g/m^3$）的 2 倍以上。例如，2022 年北京市的 $PM_{2.5}$ 年平均浓度为 30 $\mu g/m^3$，上海市为 25 $\mu g/m^3$，广州市为 22 $\mu g/m^3$。据统计，每年全球由空气污染引起的过早死亡中超过 1/4 的部分发生在中国[17]。

2.2.2　高温热浪与人类健康

气候变化被称为“21 世纪最大的全球健康威胁”，使数十亿人的生命和福祉面临更大的风险[18]。由于气候变化，全球平均地表气温在过去 100 年中呈现上升趋势。这导致了全球范围内极端高温事件或热浪发生的频率、强度和持续时间的增加[19]。

研究者们普遍认为，过多地暴露在高温下会对人类健康产生有害影响，会导致死亡率以及发病率增加[20–22]。有研究表明老年人比其他年龄组的人更有可能因极端高温事件而患病和死亡[23]，但也有少数研究表明，与高温有关的死亡或疾病与年龄没有直接关系[24]。热相关疾病的死亡率也与一系列预先存在的慢性疾病有关，包括心脑血管疾病、呼吸系统疾病、内分泌系统疾病、泌尿生殖系统疾病、神经系统疾病和心理健康障碍[22，25]。其他更容易罹患高温相关疾病的群体包括那些在户外或非寒冷环境中工作的人[26–27]和那些使用特定药物的人[28]。

然而，高温与健康影响之间的关系是无法预测的，它受到一系列复杂的相互作用因素的影响，包括生物、环境、医疗、社会和地理因素等[29–30]。研究发现，社会因素在很大程度上增加了与热有关的死亡和发病风险。那些与世隔绝、社会经济状况不佳、无家可归或生活在不安全社区的人，以及那些生活在难以享受城市绿地地方的人，更容易受到高温的影响[21，30–31]。城市热岛效应也可能增加大城市居民的患病和死亡风险[32]。

2.2.3 城市绿地与人类健康

随着全球城市化进程的加快，越来越多的人居住在城市地区。城市化带来一系列环境问题的同时，也提供了更加便利的公共服务，其中，城市公园对健康的积极影响非常显著。城市公园被称为城市之肺[33]，研究证实公园中的植被可以促进大气中气态、颗粒态污染物的干沉降过程，从而起到净化空气的作用[34]。一项在上海市浦东新区进行的研究证明了公园植被可以去除大量的空气污染物，并且通过回归分析估计出，浦东新区的城市植被对 SO_2 的去除率为 5.3%，对 NO_2 的去除率为 2.6%[35]。另外，城市公园对空气污染相关的疾病也具有不可忽略的积极影响。例如，一项在德黑兰进行的研究采用结构方程模型和偏最小二乘法对绿地景观格局对大气污染和呼吸系统疾病死亡率的影响进行了评估，结果表明绿色空间对空气污染和呼吸系统疾病死亡率具有显著的缓解作用[36]。但是，由于美国疾病控制和预防中心（CDC）的数据[37]以及自评健康[38]等数据的限制，目前的研究大多只关注一个或几个特定的大公园[39]，忽略了城市内不同公园之间健康效应的差异性。

不同公园对空气污染导致的相关疾病的影响不能一概而论。研究显示，城市公园对人类健康的影响可能受到诸如面积大小[36]、公园设施[40]、可达性[38]等因素的影响。比如有研究显示绿地面积越大，居住在绿地周围的居民的呼吸系统疾病死亡率越低[36]；距离绿地较远的居民患心血管疾病的风险较大[38]等。在以往的大多数研究中，通常考虑单一因素的影响，并且缺少对影响因素作用大小的定量评估。然而，城市环境是一个综合系统[41]，各种因素相互联系、相互作用，定量评估这些因素产生的作用大小对于我们研究公园对空气污染的健康影响的效应是非常重要的。

2.3 健康影响的空间分异研究

受地理环境、人群结构和社会经济等差异的影响，健康影响也具有明显的空间分异性。本节主要从空气污染、高温热浪、绿地三个方面阐述其对健康影响的空间分异。

由于快速的城市化进程，中国已经面临着严重的空气污染问题[42]。虽然政府已进行了一系列空气净化的措施，但因空气污染造成的健康成本和风险仍然很高[43]。近年来，研究人员在不同的空间尺度上开展了有关空气污染对健康影响的空间分异研究。在区域宏观尺度上，陈斌等[44]探讨了世界范围内华人暴露于 $PM_{2.5}$ 的时空变化。姬慧敏等[45]探讨了中国 70 个城市对空气污染敏感度的空间异质性。此外，也有人系统分析了 $PM_{2.5}$ 暴露的区域和季节性变化[46-47]。近年来，越来越多的研究集中在中国城市群，尤其是存在严重环境问题的地区，如京津冀[48]、长三角[49]和珠三角[50]等。这些研究有力地证明了空气污染在不同空间尺度对健康影响的时空异质性。有研究表明，夜间灯光指数（NTL）[51]和国内生产总值（GDP）[52]与空气污染暴露呈负相关关系。有学者[53]提出，高人口密度会使当地空气质量恶化。此外，空气污染对健康的影响也存在明显的空间差异[54]，比如暴露在空气污染中会增加呼吸道疾病患者死亡的概率[55]；归一化植被指数（NDVI）与空气质量以及健康状况的改善明显相关，因为植被具有吸收和阻挡空气污染物的功能等[56-57]。空气污染对健康影响的空间分异研究及其影响因素已经被学者广泛关注。

近三十年来，由于人为活动加强，极端高温、热浪、城市热岛等热事件频繁发生，并对居民健康造成威胁，已经有大量研究探讨其对人类健康的不利影响。极端高温会加剧身体的热应激并导致健康问题，增加心血管疾病患者死亡率、加快传染病的传播以及慢性疾病的流行[58-59]。研究表明，在中国，热浪会显著增加居民的死亡风险，且空间异质性明显，与热浪相关的超额死亡在华北地区最高，其次是华东地区[60]。此外有研究者预计，未来居民的热适应性也会逐渐增强[61]。目前，极端热事件健康效应的空间格局研究主要是基于联合国政府间气候变化专门委员会（Intergovernmental Panel on Climate Change，

IPCC）提出的风险评估理论框架，通过应用 GIS 空间统计等工具揭示其聚集性和异质性[62]。具体实施包括指标体系构建、指标确权和综合等关键步骤。在指标体系构建方面，一般从暴露度、敏感性及适应性等角度构建高温对健康风险影响指标体系[63-64]。主要思路是，首先从暴露度、敏感性及适应性的角度确定高温热浪风险评估因子[64]。暴露度是指特定区域某一时间内高温热浪的严重程度，一般用温度和暴露人口来衡量[65]；敏感性表现为区域内部受到高温热浪潜在影响时，人类社会系统结构的稳定性，如高危人口比重等[66-67]；适应性指系统调节自身内部结构以减缓、防范高温热浪影响的能力，如城市绿地覆被、医疗结构分布等[68]。其次，采用主观赋权法、客观赋权法或组合赋权法等方法对各评估因子进行量化赋值[69-70]，并通过图层叠加法（加减法或者乘除法等）将各评价因子进行空间融合[71]。最后，利用 GIS 方法进行风险等级划分，绘制高温热浪风险地图。在此框架中，基于多源数据提取评估因子是实施高温风险评估的基础，也决定了评估结果的精度和可信度。

绿地通常被认为对人类的健康和福祉有积极的影响[72-74]。短期接触森林、公园或者其他绿地可以减轻压力、疲劳和抑郁症状，并改善身体和精神健康状况[75-79]。长期暴露在绿化程度较高的环境中，可以有效降低呼吸道疾病患者死亡率和癌症患者死亡率，并改善心理健康状况[74, 80]。有研究关注不同空间尺度上绿地暴露的影响，并且证明了在 150 米至 5 000 米的缓冲范围内绿地对居民的积极影响[81]。有研究指出，中国许多城市在获得绿色空间方面可能存在不平衡的情况。在北京和深圳，居住在高端封闭社区的居民可能会受到公园的过度服务[82-83]；上海的优势群体在其私人社区中拥有丰富的高质量花园[84, 85]。相比较低收入社区，高收入社区的绿地率通常较高。此外，绿地对健康影响存在空间异质性。在经济水平较低和社区韧性不高的地区增加绿地数量或扩大绿地面积可以有效缓解人们的心理压力，但在中心城区效果不明显[86-88]。如何定量分析城市绿地对公共健康的影响机制及其空间分异是一个亟待解决的问题。

2.4　小结

环境健康主要研究环境因素对人类健康的影响，其目标是识别和控制环境风险因素，从而预防疾病的发生并促进人类健康。针对当前城市环境主要问题，例如空气污染、高温热浪等对城市居民生理健康、心理健康的影响以及城市绿地等环境因素对健康的促进作用，环境健康研究可从以下几个方面展开：①跨学科研究，环境健康研究需要生态学、流行病学、地理学、社会科学等多学科的合作；②利用大数据和人工智能技术，实现环境健康风险的个体化评估和管理；③全球合作，面对全球环境问题，如气候变化和跨国污染，需要国际合作和协调行动；④可持续发展，研究如何在促进经济发展的同时，保护环境和人类健康。总之，环境健康是一个不断发展的领域，随着科技进步和社会的发展，其研究重点和方法将持续改进。

案例应用篇（一）

高温热浪对健康影响的感知研究

第三章　城市热岛对健康影响的研究综述

为科学测度城市热岛对居民健康的影响，需要确定城市热岛对健康影响的评价指标；为精准刻画城市热岛健康效应的空间格局特征，需要制定空间格局研究方法。因此，本章将围绕城市热岛健康效应的评价指标研究、空间分异研究等方面，对相关研究现状和发展动态进行总结评述。

3.1　城市热岛对健康影响的评价指标研究

大量基于流行病学的研究表明，高温环境不仅能直接造成人体的热相关疾病，如热痉挛、热衰竭和热射病等，还间接影响着人体心血管、呼吸系统、消化系统等疾病的发生，极端情况下还会导致人体死亡[89]。同时，城市热岛对人群健康影响的评价指标已从单一的身体健康扩展到多维健康，心理健康、情绪健康受到越来越多的关注。研究表明，高温会使人产生负面情绪，从而对心理健康产生一系列影响，甚至会导致自杀风险增加[90]。在评价指标获取方面，诸多学者采用疾病预防控制中心等的统计数据作为人群健康表征指标以量化城市高温对健康的影响，如门诊就诊人数[91]、急诊就诊人数[92-93]、死亡率[94]等。这些指标从疾病的健康结局的角度反映了高温对健康的影响，但是，患病就诊只是高温造成的健康影响中非常严重的一部分，属于健康影响金字塔的顶端[95]。同时，由于医院的床位数和接诊能力的限制，以及人群对选择是否医院就医的意向不同，该类健康结局并不能及时、全面地反映出高温对人群健康的影响。

社交媒体是传播健康信息的重要渠道，其产生的健康大数据可有效感知人群健康状况[96-98]。早在2009年，学者们就尝试利用搜索引擎数据来检测流感的发生[2]，随后大数据越来越多地融入健康研究，社交媒体成为公共卫生监测的重要工具[97-100]，基于社交媒体的健康感知研究也让人类健康研究突破了医院限制，能更及时、全面地反映居民的健康状况。例如，基于神经网络和深度学习识别患者身体状况和精神健康状况，推特（Twitter）成为跟踪监测、评估并提供心理健康支持的有效工具[101-102]，此外推特提供的有关疾病强度和地理分布的准确信息还有效地指导了资源的分配和响应措施的制定[103]。

微博是中国的社交媒体平台，具有数量多、易于访问、实时性和细节丰富等优势。同时，微博也存在用户年龄、性别、职业和个人行为差异有所不同的劣势[104]，因此，微博数据也经常因其代表性问题而受到质疑，即用户可能不构成整个人口的代表性样本。有学者尝试采用统计学方法消除社交媒体中的样本有偏性，由于大数据的自发性、稀疏性等自身缺陷，目前尚未有统一认可的方法实现社交媒体数据有偏性的精确校正[105]。然而，大数据的地理学研究范式的目的是刻画地理事件与地理要素的时空联系，进而揭示其发生的本质，大数据为地理学研究的深化和从地理学的视角解决社会需求问题提供了新的思路和模式[106]。而且，微博用户群体以年轻人为主，年轻人受教育程度更高，参与公共事务更积极，他们的声音在激励政府制定和实施政策方面更为重要[107]。因此，基于社交媒体微博大数据的研究可为政府提供有效的预警信号。

基于社交媒体微博大数据的情绪表达和健康感知等指标已被用于测度空气污染、高温热浪等事件的健康影响研究。例如，郑恩齐等[108]基于微博大数据研究表明空气污染降低了中国城市居民的幸福感。陈娇彦等[109]对中国8个城市的雾霾监测数据与微博中雾霾有关数据进行分析，对比通过社交媒体数据预测的公共健康指数和物理环境监测数据对雾霾的预测效果，有效辅助了雾霾天气的预测及其健康影响评估。姬慧敏等[45]基于微博大数据提取的空气污染相关的健康感知信息，评估了中国城市空气污染危害度及其时空差异性。这些工作为利用微博大数据开展城市热岛健康效应研究提供了理论基础。

3.2 城市热岛对健康影响的空间分异研究

受地理环境、人群结构和社会经济等差异的影响，高温对健康影响也具有明显的空间分异性[110]。目前该类研究主要是基于联合国政府间气候变化专门委员会提出的风险评估理论框架展开[62]。其中，部分与高温健康效应密切相关的人群特征指标一般是通过社会经济统计数据空间化获得的[111]，但相关数据的获取具有一定的难度，如高危人口比重、空调拥有量、汽车使用率以及公共财物支出等，而且空间化过程中的精度问题也一直是学者面临的重要问题。因此之前的研究往往是基于可获取的数据开展的研究，对人群因素考虑较少。在指标确权和综合方面，主要是采用主观赋权法、客观赋权法或组合赋权法等对各评估指标进行量化赋值[69-70]，并通过加减法或者乘除法等对各评价指标进行空间叠加而得到[71]。然而，由于高温健康效应的影响因素众多且作用机理复杂，目前在指标权重的确定上还处于探索阶段。

基于位置服务的社交媒体大数据为从虚拟空间感知空间分异提供了新途径。例如，2013 年和 2015 年的推特数据就被用来开展幸福情感和抑郁情感的度量及空间分布研究[112-113]，推特数据还很好地揭示了伦敦市人口与地理环境的分异格局[114]。新浪微博也支持用户随时随地分享自己的地理位置信息，近年来，带有位置签到的微博数据激增，这些数据被广泛应用于人群时空行为特征研究[115]。但是，由于大众用户的智能终端自带的 GPS 定位设备有一定误差，以及人为的影响（用户选择的地理定位并不一定是当前所在的准确地理位置），微博的空间定位数据具有不确定性[116]。学者针对该问题也提出了相应的评估和纠偏方法，例如，微博语义位置和签到位置的标签匹配方法[117-118]、基于本地空间位置数据库的微博位置推测方法[119]、模式认知引导的统计推断法[120]等。相关研究已经表明，通过标签匹配对微博签到位置进行粗矫正后，微博数据与传统地理空间数据的结合能够刻画分异格局。例如，基于位置服务的社交媒体数据已被广泛应用于自然灾害应急管理中，在提取致灾因子强度、空间分布、识别受灾区乃至重灾区、提取灾害救助需求信息的空间分布等方面发挥了重要作用[121]。

综上所述，近些年地理学者针对城市热岛健康效应研究取得了丰富的科研成果，但是在评价指标方面，医院热相关致死等统计数据不能全面、及时地反映热岛对健康的影响；空间格局研究方面，目前采用的风险评估理论框架在实施中存在因数据源限制导致的人群特征因素考虑不足的“瓶颈”问题。具有时空标记的社交媒体微博大数据为从虚拟空间视角测度城市热岛对健康的影响及其空间分异提供了新视角，学者也开展了初步探索工作并取得了一定成果，然而，为科学评价热岛对健康的影响，仍需在大范围区域开展深入研究。因此，本项目拟以中国主要城市为研究区，开展地理大数据驱动的城市热岛健康效应的测度及空间分异研究。首先，基于理论基础研究提出社交媒体虚拟空间视角下的健康测度指标，并综合微博数据，发展基于深度学习和专家知识的健康提取方法；其次，采用气象观测数据、多源遥感影像等地理大数据，基于时空匹配分析法构建联合地理空间和虚拟空间的城市热岛健康效应的空间格局研究模型。

3.3 研究目标和内容

3.3.1 研究目标

本项目拟综合多源遥感影像、社交媒体微博数据和社会经济统计资料等数据，提出虚拟空间视角下城市热岛健康效应的健康评价指标和提取方法，构建联合地理空间和虚拟空间的城市热岛健康效应研究模型，丰富地理大数据与智能分析技术结合地理学研究新范式；深化城市热岛健康效应的空间格局及其分异机制，促进地理大数据服务城市应用。

3.3.2 研究内容

本章研究内容包括以下几个方面。

3.3.2.1 城市热岛对居民健康影响的认知和表达

传统研究中热相关致死率、发病率等统计评价指标不能全面、及时地反映城市热岛对健康的影响。本项目基于数据驱动的研究范式，结合当前虚拟空间社交媒体大数据对人群健康的刻画程度，构建联合地理空间和虚拟空间的城市热岛健康效应的认知和表达模型，建立基本理论框架，为选择合适的计量方法提供基础。

3.3.2.2 地理空间城市热岛的时空分布特征研究

基于时间序列遥感数据建立地表温度数据集，采用空间分析、时间序列分析等方法提取城市热岛的空间分布和时间动态的变化特征。

3.3.2.3　虚拟空间城市热岛对健康影响的测度研究

提出居民对城市热岛的敏感性的评价指标，衡量城市热岛对健康的影响。采用带有时空标记的社交媒体微博大数据，基于深度学习研究居民对高温的敏感性。

3.3.2.4　联合地理空间和虚拟空间的城市热岛健康效应的空间分异研究

拟从综合人—地关系视角，发展联合地理空间和虚拟空间的城市热岛对健康影响的空间格局研究模型，采用 GIS 可视化和空间分析等方法量化城市热岛对健康影响的空间异质性。

3.4　研究框架

基于气象台站数据，遥感影像、社交媒体微博数据等多源地理大数据，采用文献调研、信息提取、文本解析、可视化、空间分析、深度学习等地理信息科学和计算机学科技术等方法进行研究。首先，通过文献综述，厘清地理空间中城市热岛的时空演化特征及其在虚拟空间引起的群体热感知影响；其次，以多源异构大数据为支撑，借鉴异常检测、边界提取、文本解析、地理编码等数据挖掘方法，识别、探测和提取地理空间中城市高温热浪事件以及虚拟空间中的群体热感知信息，通过时间匹配和空间匹配构建高温热浪风险识别方法；最后，以中国主要城市为研究区开展实证研究，进行高温热浪风险识别制图，对不同城市的风险模式差异进行深度剖析。

3.5　小结

城市热岛效应是指城市中心的气温相对于周边郊区更高的现象，这一现象对居民的健康产生了显著影响。本章通过研究评价指标和空间分异情况，精确地评估了城市热岛对居民健康的影响。这不仅有助于科学制定应对措施，还能为城市规划和公共健康管理提供科学依据。

第四章　地理空间城市热岛的时空特征研究

快速城市化导致的城市气候变化比全球气候变化更快，特别是在发展中国家。城市化对环境的影响之一是城市热岛效应，即城市中心的温度高于周围的农村地区。虽然城市热岛只覆盖了全球表面积的一小部分，而且只是小范围的现象，但它可以直接影响当地城市居民的生活。因此，了解城市热岛现象及其时空特征对于帮助决策者在制定和执行合理的土地利用政策时采取缓解措施具有重要意义。

4.1　引言

根据不同的城市高度层，城市热岛也具有不同的类型，包括基于城市表层地表温度（LST）的地表城市热岛（SUHI）和基于城市边界或冠层空气温度的大气城市热岛（AUHI）[122]。虽然这两种类型的热岛效应含义不同，但是它们相互关联，都能很好地解释热岛效应[123]。观测站的温度是不连续的，不能揭示城市环境的空间异质性[124-126]。近年来，热红外遥感（TIR）因其覆盖面积大、时间频率相对较高的优势，被广泛应用于地表温度反演研究。这对于理解地表城市热岛的时空变化尤其有用[122]。在这类地表城市热岛研究中，地表城市热岛强度是量化地表城市热岛量级时常用的指标之一。基于热红外遥感的地表城市热岛研究大致可分为两类：一类是针对单个城市的微观研究；另一类是针对多个城市的中观研究。在微观尺度上，基于中—高空间分辨率［如卫星专题制图仪 / 增强型专题制图仪（Landsat TM/ETM+）］的城市内地表城市热岛研究取得了重大进展，其主要侧重于研究地表温度的空间格局及与土地利用和土地覆盖类型、植被指数和城市景观结构所显示的城市表面特征的关系[127]。虽然这类研究提供了详细的地表城市热岛强度空间异质性，但由于空间分辨率和时间分辨率之间的权衡，我们难以对区域内城市间的地表城市热岛强度进行连续长时间的序列监测和对比研究。近年来，随着高时间分辨率气象卫星数据集的积累，区域或全球地表城市热岛研究受到了广泛关注[128]。已有一系列关于热带特大城市、美国人口众多的城市、欧洲城市，甚至全世界城市的地表城市热岛研究[129-131]。这些研究表明，城市周边的生态条件可能在中尺度上对地表城市热岛的变化起重要作用，背景和局地气候区对地表城市热岛的影响也很大[132]。在区域尺度上的地表城市热岛研究中，中国的地表城市热岛研究非常引人注目，地表城市热岛不仅出现在北京[133]、上海[134]、深圳[135]、广州[136]等特大城市中，也出现在昆明[137]、贵州[138]、包头[139]等其他小城市中。同时，中国的气候类型也非常丰富，这使在中国进行中尺度的地表城市热岛研究具有特别的实用性和学术意义。有学者[140]利用时间序列遥感影像对中国 32 个主要城市进行了中尺度的城市生态环境影响研究，并基于统计方法重点分析了城市化水平对城市生态环境影响的空间格局、驱动因素和影响因素，这一系列的工作极大地推进了人们对中国地表城市热岛的理解。然而，这些研究只是侧重于针对主观上的格局展示，并没有客观地揭示区域之间的时空异同。因此，需要进一步的研究来呈现区域规律，以填补这一研究空白。

自组织映射（SOM）是一种无监督机器学习算法，是一种人工神经网络，可用于数据的自动聚类和降维[141]。由于训练后的自组织映射中输出层神经元的权值取决于神经元的数量，将高维输入空间映射到训练后的自组织映射中，可以得到高维输入空间的低维模型和高维向量的低维表示。因此它适合处理大量高维的数据集[141]。此外，由于自组织映射可以反映输入数据主成分的局部投影，因此它可以被视为数据空间的映射，通常有助于解释观察到的模式和理解输入数据内部的复杂关系[142]。这些特点使自组织映射成为一种强大的地理数据分析工具，并在地理环境研究中得到广泛应用[143]。因此，我们采用自组织映射方法来可视化中国地表城市热岛强度的时空聚类和内在规律。以中国 32 个主要城市为研究区域，本研究旨在提供对中国地表城市热岛的时空映射和多角度分析，并解决以下两个问题：①在密集人类活动和区域气候类型的综合影响下，地表城市热岛的时空格局如何；②在过去的几十年里，中国主要城市的地表城市热岛强度是在恶化还是在改善。本研究首先揭示了中国主要城市地表城市热岛强度的时空变化特征，突出了不同气候区之间的差异。在此基础上，本研究对中国地表城市热岛强度的聚类特征和时空格局进行自动识别和可视化，同时，探讨了模式形成的潜在因素。

4.2 研究区

中国位于亚洲大陆东部、太平洋的西岸，自 1978 年改革开放以来，经历了快速的城市化发展。城市土地覆盖和人口的增加造成了一系列城市环境影响，其中城市热岛最为常见。中国有丰富的气候类型，包括由北到南的 5 个气候区：1 区——严寒地区，2 区——寒冷地区，3 区——夏季炎热、冬季寒冷地区，4 区——温带地区，5 区——夏季炎热、冬季温暖地区。

该分类体系基于不同的季节特征，与中国人民的生活和建筑设计标准密切相关[144]，因此适用于地表城市热岛强度研究。此外，这些气候类型的差异使得以秦岭—淮河线划分的北方和南方之间的能源使用情况不同[145]。

我们选择了中国的 32 个主要城市作为研究区域。每个城市的位置（经纬度）来自 GeoNames 地理数据库，然后用投影坐标进行可视化。所选城市的汇总信息见表 4–1。

表4–1　本研究中所选城市的汇总信息

城市	纬度 / 度	经度 / 度	人口 / 万人	人口变化率 /%
北京	39.91	116.40	1 258.00	15.99
成都	30.67	104.07	1 149.07	13.96
福州	26.06	119.31	645.90	5.40
广州	23.12	113.25	806.14	10.71
贵阳	26.58	106.72	373.16	3.63
哈尔滨	45.75	126.65	992.02	3.46

续表

城市	纬度 / 度	经度 / 度	人口 / 万人	人口变化率 /%
海口	19.96	110.52	160.44	2.40
杭州	30.26	120.17	689.12	6.15
合肥	31.86	117.28	493.42	28.63
呼和浩特	40.81	111.65	229.56	2.30
济南	36.67	117.00	604.08	2.34
昆明	25.04	102.72	536.31	5.08
拉萨	30.17	91.13	48.46	1.49
兰州	36.06	103.79	323.54	3.94
南昌	28.68	115.88	502.25	5.61
南京	32.06	118.78	632.42	6.90
南宁	22.82	108.32	707.37	8.31
上海	31.22	121.46	1 412.00	9.44
深圳	22.55	114.07	259.87	15.37
沈阳	41.79	123.43	719.60	3.86
石家庄	38.04	114.48	989.16	10.42
太原	37.87	112.56	365.50	4.12
天津	39.14	117.18	985.00	7.49
乌鲁木齐	43.80	87.58	243.03	8.84
武汉	30.58	114.27	836.73	4.26
西安	34.26	108.93	782.73	8.75
西宁	36.62	101.77	196.01	3.87
银川	38.47	106.30	158.80	3.78
长春	43.88	125.32	758.89	4.04
长沙	28.20	112.97	650.12	6.01
郑州	34.76	113.65	744.62	36.52
重庆	29.56	106.55	3 303.00	24.26

4.3 数据集和研究方法

4.3.1 地表城市热岛强度计算

地表城市热岛强度（SUHII）被定义为城市地区与其周围农村地区之间的地表温度（LST）之差。地表城市热岛强度的计算公式如下：

$$SUHII=T_{urban}-T_{rural}$$

式中，T_{urban} 为城市地区的空间平均地表温度，T_{rural} 为农村地区的空间平均地表温度。因此，要计算地表城市热岛强度，需要采取两个关键步骤：地表温度反演和城乡区域提取。

4.3.1.1 地表温度数据

MYD11A2 LST 产品（V5）来自美国国家航空航天局（NASA）。该数据集包括 2003 年至 2013 年白天和夜间的温度，空间分辨率为 1 000 m，间隔为 8 天。通过校正由云污染、地形差异和天顶角变化引起的噪声来改进数据集。基于表面发射率评估，该数据集具有较高的精度，均方根差值较低[146]。使用产品中包含的质量保证（QA）标志消除无效数据，并采用季节平均法来降低噪声效应。最终在研究期间，日间和夜间的季节平均地表温度数据集被用来计算地表城市热岛强度。

4.3.1.2 城乡区域提取

通常，城市地区有相对明确的定义和批准的提取方法，城市地区指的是一个城市的建成区。城市地区可以根据夜间灯光或土地利用和土地覆盖（LULC）地图来确定。对于农村地区来说，目前还没有公认的地表城市热岛强度计算方法，但它通常是根据城市地区的缓冲区主观得出的[140, 147]。此外，如果直接使用缓冲区来提取农村地区的数据，那么城市地区周围的土地利用和土地覆盖类型也会影响城市和农村地区之间的温度梯度[148]。城市和农村地区已经在城市地理学研究中得到了明确的界定。城市区域是指城市中心及周边的连续建成区，农村区域是指行政区域内城市以外的区域。基于这一定义，并考虑到海拔和降水对地表城市热岛强度计算的影响，本研究将行政区域内的城市 / 建成区和耕地面积分别视为城区和郊区。

我们从美国国家航空航天局地球数据搜索中心下载了 2003 年至 2013 年的年度土地利用和土地覆盖产品（MCD12Q1）。该产品提供了土地覆盖类型的评估和质量控制信息。本研究采用国际地球圈—生物圈规划（IGBP）全球植被分类方案，其中包括 16 种土地覆盖类型[149]。本研究首先使用中分辨率成像光谱仪（MODIS）重投影工具进行预处理（拼接、重投影、裁剪和格式转换）；然后，将研究区行政边界与土地利用和土地覆盖地图逐年叠加，城市 / 建成区类型被提取为建成区，耕地类型被提取为郊区。从 2003 年到 2013 年，研究区域的每个城市都有 11 个建成区和郊区。最后，计算建成区空间平均地表温度和郊区空间平均地表温度。本研究中使用的遥感数据集见表 4–2。

表4–2 本研究中使用的遥感数据集

名称	产品	像素大小	时间分辨率	年份	来源
MYD11A2	LST	1 000 m	8 天	2003—2013 年	https：//search.earthdata.nasa.gov/search
MCD12Q1	LULC	500 m	1 年	2003—2013 年	https：//search.earthdata.nasa.gov/search

4.3.1.3 地表城市热岛强度计算

地表城市热岛强度的计算方法是建成区地表温度减去郊区地表温度。利用中分辨率成像光谱仪的地表温度产品，本研究分别计算了研究区白天和夜间的地表城市热岛强度。

4.3.2 地表城市热岛强度的时空映射和多视角分析

4.3.2.1 自组织映射模型

自组织映射模型是一种无监督学习聚类方法，它本质上是一个只有输入层、隐藏层和目标输出的神经网络。隐藏层中的节点代表必须聚合的集群。训练网络时采用竞争学习的方法，每个输入样本在隐藏层中找到一个与它匹配的节点，该点称为激活节点。接着采用随机梯度下降法对激活节点的参数进行更新。同时，与激活节点相邻的点也会根据它们与激活节点之间的距离适当地更新参数。因此，自组织映射的特征之一是隐藏层的节点是拓扑的，自组织映射可以将任意维度的输入离散到一维或二维的离散空间中。输出层中的节点与输入层中的节点是全连接的。关于自组织映射算法的详细信息见文献［150］中的报告。本研究使用 R 软件中的自组织映射包进行数据处理和分析。

4.3.2.2 研究方案设计

为了对地表城市热岛强度的时空格局进行全面的比较，首先研究了选定城市的日间和夜间地表城市热岛强度的季节平均分布。其次对中国各气候区进行平均，并采用统计方法进行比较分析。

由于夏季高温直接影响中国城市的人类舒适度，本文采用自组织映射方法研究了夏季日间地表城市热岛强度的时空变化和聚类模式。作为输入数据，首先将原始数据集组织成一个 32 行 ×11 列的矩阵，这意味着 32 个城市中，每个城市都有 2003—2013 年这 11 年的夏季日间地表城市热岛强度。目标输出是由自组织映射生成的集群。在使用自组织映射方法之前，我们使用三种方法对地表城市热岛强度值进行归一化处理，每种方法都可以阐明城市之间的不同关系。归一化是利用最小值和最大值将数据缩放到一定范围，通常是 0~1。

（1）全局归一化。根据在任何城市和任何时间段的最小值和最大值，将所有地表城市热岛强度值归一化到区间［0，1］中。这在很大程度上反映了地表城市热岛强度的差异。

（2）列归一化。根据各列的最小值和最大值，对时间进行归一化。假设在不同时期的相对地表城市热岛强度的地理分布是相对稳定的，尽管绝对量级发生了变化，但城市的相对排名并没有改变，预计类似的城市格局将接近全局归一化。

（3）行归一化。根据各行的最小值和最大值，即用某一特定城市所观察到的最小值和最大值来进行归一化，这可以更直接地比较不同时间中地表城市热岛强度的变化。例如，行归一化允许识别不同城市的最大值和最小值。使用这种方法可以突出影响地表城市热岛强度的时间变化的区域模式。

为了解释上述由自组织映射方法得出的格局，我们计算了研究期间年平均的日间夏季地表城市热岛强度空间分布格局。采用最小二乘法计算变化率，以检验地表城市热岛是否随着城市化进程的发展而恶化或改善。变化率的公式如下。

$$CR=\frac{\overline{xy}-\overline{x}\cdot\overline{y}}{\overline{x^2}-(\overline{x})^2}$$

其中，*CR* 为变化率；*x* 为自变量，这里为时间；*y* 为因变量，这里为地表城市热岛强度值。如果一个城市的变化率小于 0，则热环境会改善，否则会恶化。

本研究的工作流程如图 4–1 所示。首先，在 MRT 软件中对地表温度和土地利用和土地覆盖数据集进行批量预处理。其次，利用 ArcGIS 软件中的空间叠加分析，结合地理数据库计算地表城市热岛强度。自组织映射方法用 R 语言编写。最后，将自组织映射的聚类结果在 ArcGIS 中进行可视化。

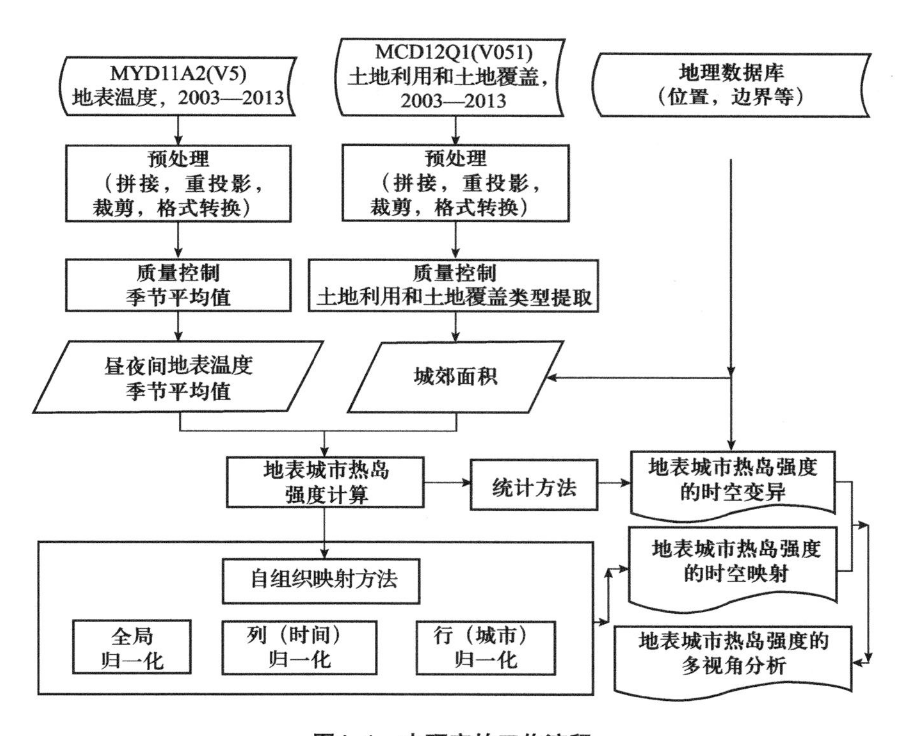

图4–1　本研究的工作流程

4.4　结果与讨论

4.4.1　地表城市热岛强度的时空变化

为了了解研究区地表城市热岛强度的时空变化，我们计算了每个气候区四季的季节平均日间和夜间地表城市热岛强度值及其方差。结果如图 4–2 所示。结果发现，日间和夜间地表城市热岛在气候区之间有不同的强度和季节变化。夜间地表城市热岛强度值比日间地表城市热岛强度值更稳定，标准误差更小，而日间地表城市热岛强度值在各气候区季节变化更明显。除 5 区是秋季白天的地表城市热岛强度值最大，其他区均是夏季的地表城市热岛强度值最大。这可能是受 5 区特殊气候类型的影响，其特点是夏季炎热、冬季温暖。因为秋季（包括 9 月、10 月和 11 月）相当热，所以，5 区秋季的地表城市热岛强度相当高。所有区域的日间地表城市热岛强度的最低值出现在冬季，其中 1 区、4 区、5 区的地表城市热岛强度值均小于 1 K。值得注意的是，2 区和 3 区的城市有城市冷岛现象，冬季的地表城市热岛强度值为负。此前，在对北京等几个单一城市的研究中也发现了类似的结果。本研究进一步证明，城市冷岛是我国 2 区、3 区的普遍现象。这可能是由于农村地区裸露和干燥的土壤的热惯性低，而城市中使用的混凝土材料的热惯性高[151]。

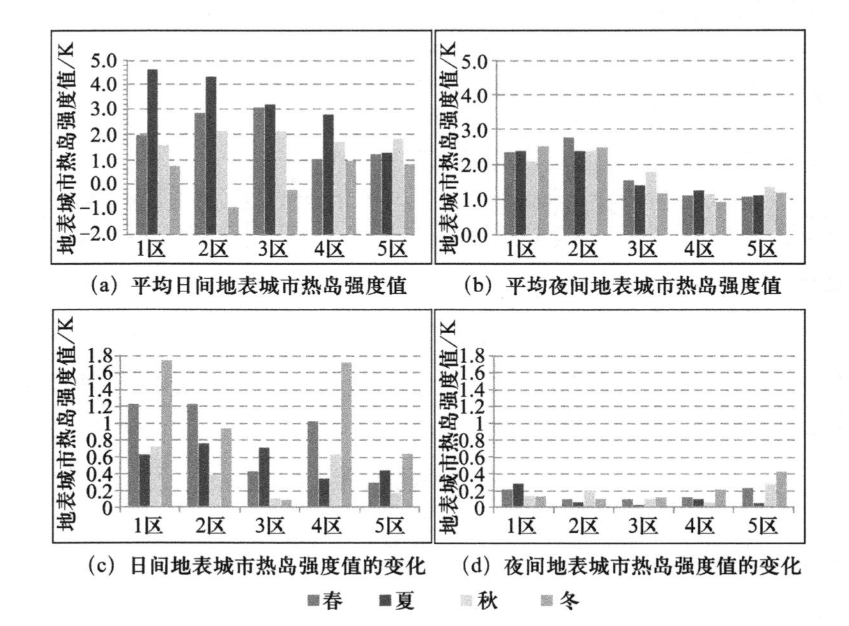

注：1区，严寒地区；2区，寒冷地区；3区，夏热冬冷地区；4区，温带地区；5区，夏热冬温地区。

图4–2 2003—2013年不同气候区的季节平均地表城市热岛强度值及其变化

夜间地表城市热岛强度的季节变化相对小于白天，在 4 个季节中，1 区约 2.5 K，3~5 区约 1.5 K。根据文献［123］的研究，夜间城市热环境主要以人为热和辐射热为主。虽然这项工作一般集中在空气温度城市热岛方面，但是这也有助于解释地表城市热岛，因为地表温度与空气温度明显相关[152]。此外，在城市范围内，白天的活动人口几乎是夜间的两倍，人为热也会随着人口密度的增加而增加。人为热的时间变化也可能影响地表城市热岛的日变化。这解释了为什么夜间的地表城市热岛相当稳定，并揭示了冬季日间地表城市热岛强度变化相对较高的原因。

综上所述，地表城市热岛强度的日变化和季节时空变化表明，白天和夜间的地表城市热岛具有不同的机制。不同气候类型的不同物理过程也形成了地表城市热岛强度的不同特征。在研究与地表城市热岛强度空间格局相关的因素时，应考虑气候类型。

4.4.2　地表城市热岛强度的自组织映射聚类

使用全局、列和行归一化的自组织映射方法得到的结果如表 4–3 所示。如预期的那样，列归一化和全局归一化的自组织映射方法表现出非常相似的模式，这可以用自组织映射方法的机制来解释。我们已经知道，列归一化的方式可以强调和突出空间（区域）效应。由于不同年份间相对地表城市热岛强度值的空间分布相对稳定，尽管地表城市热岛强度的绝对大小发生了变化，但城市的相对排名顺序保持不变。因此，期望采用列归一化方法得到的城市格局与采用全局归一化方法得到的城市格局相似。无论如何，两种归一化方法的聚类空间格局都受到气候分区的影响，特别是在 5 区，该区城市都是沿海地区。另一个明显的现象是，几乎所有的这些区域都是秦岭—淮河线，尽管在 1~4 区，集群的一致性没有 5 区那么明显，但是结果表明，地表城市热岛强度的空间格局与南北之间的地理分线（秦岭—淮河线）紧密吻合，1 区和 2 区位于北方，3~5 区位于南方。

表4-3　基于地表城市热岛强度的自组织映射聚类结果

城市	行归一化 聚类结果	列归一化 聚类结果	全局归一化 聚类结果
北京	1	5	5
成都	7	6	6
福州	8	1	1
广州	5	1	1
贵阳	2	3	3
哈尔滨	8	5	5
海口	7	1	1
杭州	3	3	4
合肥	8	8	8
呼和浩特	5	7	7
济南	7	6	6
昆明	2	2	2
拉萨	2	8	8
兰州	1	8	8
南昌	5	1	1
南京	5	3	3
南宁	6	1	1
上海	1	3	3
深圳	3	1	1
沈阳	8	6	6
石家庄	1	2	2
太原	3	6	7
天津	2	5	5
乌鲁木齐	1	8	8
武汉	7	3	3

续表

城市	行归一化聚类结果	列归一化聚类结果	全局归一化聚类结果
西安	4	4	4
西宁	8	5	5
银川	6	8	8
长春	8	4	4
长沙	7	2	2
郑州	2	4	4
重庆	8	3	3

注：1~8 表示类别归属。

如上所述，行归一化降低了地表城市热岛强度幅度的影响，并强调了时间地表城市热岛强度机制的相似性。本研究中，使用行归一化得到的自组织映射结果显示出相当复杂的模式，这并不奇怪，因为一个城市的地表城市热岛强度的时间变化与城市化的发展更相关[140]。表 4–4 列出了每个集群中的城市。我们推断，地表城市热岛强度的时间变化模式与城市化的发展有关，但与城市的气候类型无关。

表4–4　基于自组织映射的每个聚类中的城市（行归一化）

聚类	城　市
1	上海、兰州、石家庄、北京、乌鲁木齐
2	昆明、贵阳、郑州、天津、拉萨
3	深圳、杭州、太原
4	西安
5	广州、南昌、南京、呼和浩特
6	南宁、银川
7	长沙、武汉、成都、济南、海口
8	福州、重庆、合肥、西宁、沈阳、长春、哈尔滨

4.4.3 地表城市热岛强度格局的多视角分析

基于列和全局归一化的自组织映射研究结果具有明显一致的空间模式，这可能是由于中国南北方的地理和辐射差异起主导作用。日间地表城市热岛强度的空间模式更为复杂，这是由于白天的人为活动更加强烈和复杂，严重影响了自然环境，从而使地表城市热岛进一步复杂化，如表 4–5 所示。总体而言，研究区地表热岛强度的空间格局沿气候带分布，被秦岭—淮河线明显划分，表现出不同的特征。夜间地表城市热岛强度的空间模式也有助于为该特征提供解释。如表 4–5 所示，春季、夏季、秋季白天地表城市热岛没有明显的空间格局，而夜间有较明显的空间格局。总体而言，1 区和 2 区（北方）的夜间地表城市热岛强度明显强于 3 区、4 区和 5 区（南方）。

在时间分布上，中国的地表城市热岛强度的分布特征与城市化发展水平有很大关系；这可以从表 4–5 中列出的每个城市的城市化和地表城市热岛强度变化率中推断出来。根据表中所示的研究期间的变化率，只有 9 个城市经历了热环境的恶化，其斜率大于 0.05。这些城市包括哈尔滨、沈阳、长春、天津、拉萨、昆明、贵阳、南宁和合肥。值得注意的是，在中国的一些一线特大城市（北京、广州和深圳），地表城市热岛强度的变化斜率小于 –0.1，这表明其城市热环境有明显的改善趋势。这可能是由于这些发达城市的城市环境引起了更多的关注，这些城市正在努力成为更加宜居的城市；反之，地表城市热岛强度恶化的城市多为发展中城市。因此，结果表明，并不是所有的城市都像以前的研究中所说的那样，随着城市化的发展，城市热环境不断恶化。城市热环境可以通过城市规划得到有效改善。

表4–5　研究期间各城市夏季城市热岛均值及变化率

城市	2003 年	2004 年	2005 年	2006 年	2007 年	2008 年	2009 年	2010 年	2011 年	2012 年	2013 年	均值 /K	斜率
北京	3.567	5.295	4.543	4.024	3.535	4.061	3.721	3.517	3.509	3.127	3.690	3.871 7	–0.109 0
成都	2.742	5.477	4.57	4.395	3.343	5.64	5.442	2.986	4.211	1.583	4.286	4.061 4	–0.087 7
福州	2.106	1.986	1.783	1.665	0.878	2.701	1.824	1.167	2.256	1.446	2.040	1.804 7	–0.010 2
广州	2.468	2.047	2.106	1.544	0.403	0.465	1.802	–0.077	1.757	0.791	1.259	1.324 1	–0.126 9
贵阳	2.927	3.114	2.618	1.904	3.196	3.021	2.847	2.029	3.213	4.684	2.464	2.910 6	0.051 4
哈尔滨	3.173	3.439	2.938	3.735	2.979	3.730	3.637	3.593	3.964	3.860	3.858	3.536 9	0.077 8
海口	0.685	0.477	0.250	1.557	0.430	0.250	1.655	–2.331	0.849	–0.415	2.716	0.556 6	0.016 7
杭州	3.991	3.786	3.909	2.818	4.277	2.073	3.315	3.310	3.214	2.183	1.450	3.120 5	–0.192 5
合肥	3.554	5.196	5.633	7.184	3.928	5.395	5.622	4.664	5.736	5.683	4.887	5.225 6	0.050 7
呼和浩特	4.469	5.584	5.228	5.084	5.050	3.693	5.172	4.128	4.156	3.571	4.498	4.603 0	–0.117 4
济南	4.397	5.082	3.625	3.751	4.176	4.208	5.105	5.056	4.423	3.429	4.057	4.300 8	–0.021 6
昆明	2.589	2.441	2.013	2.501	2.352	3.082	2.205	1.967	2.757	3.488	3.726	2.647 4	0.099 0
拉萨	6.526	6.603	6.785	5.693	4.615	6.316	4.455	6.546	5.873	7.141	8.603	6.286 9	0.103 2
兰州	5.047	6.925	7.797	9.03	6.587	4.713	3.430	5.827	4.396	5.556	4.502	5.800 9	–0.254 2
南昌	2.755	2.747	2.582	2.395	2.998	2.161	2.460	1.302	2.319	1.957	2.955	2.421 0	–0.051 6
南京	3.437	3.448	3.711	3.323	3.491	1.306	3.428	2.533	3.958	2.730	2.121	3.044 2	–0.094 1
南宁	0.146	1.686	1.436	1.368	0.840	1.305	1.925	1.283	0.913	0.182	3.134	1.292 5	0.075 2

续表

城市	2003 年	2004 年	2005 年	2006 年	2007 年	2008 年	2009 年	2010 年	2011 年	2012 年	2013 年	均值 /K	斜率
上海	3.466	3.235	4.070	2.332	3.273	4.294	1.077	2.212	2.624	3.640	2.393	2.965 1	−0.095 6
深圳	1.893	2.058	1.753	1.649	0.677	1.474	1.430	1.168	1.280	1.303	0.246	1.357 4	−0.117 1
沈阳	3.368	4.365	4.091	4.141	3.718	4.319	4.199	3.930	4.504	4.875	5.150	4.241 8	0.111 3
石家庄	2.548	2.799	2.429	2.916	2.868	2.673	2.296	2.049	2.024	2.637	2.500	2.521 7	−0.040 1
太原	5.652	5.723	4.333	3.626	4.770	3.109	3.728	3.925	4.665	3.952	4.166	4.331 7	−0.126 9
天津	3.018	3.923	3.558	3.327	3.361	3.377	3.472	3.732	3.730	4.133	3.730	3.578 3	0.053 1
乌鲁木齐	10.086	8.543	9.077	9.408	9.330	8.241	8.436	7.614	7.935	7.403	7.435	8.500 7	−0.233 8
武汉	2.933	3.730	2.720	2.959	2.706	3.342	3.177	1.831	2.627	1.955	3.506	2.862 4	−0.057 3
西安	2.832	3.447	3.171	2.399	3.598	3.396	3.677	4.274	3.391	3.319	3.126	3.330 0	0.049 5
西宁	3.653	3.145	3.010	3.732	3.765	4.139	3.878	3.920	4.737	2.960	3.359	3.663 5	0.031 5
银川	5.187	5.862	6.643	6.617	5.860	5.874	6.571	5.771	7.188	5.638	5.782	6.090 3	0.024 8
长春	3.719	2.623	3.018	3.458	2.881	3.156	3.869	3.194	3.526	3.778	3.534	3.341 5	0.051 6
长沙	3.396	3.424	3.174	2.754	0.158	2.825	3.360	2.020	3.242	1.289	3.605	2.658 8	−0.050 5
郑州	3.025	3.377	2.950	2.930	3.213	3.560	3.697	3.265	2.924	3.816	3.255	3.273 8	0.036 2
重庆	2.340	2.859	2.614	3.238	3.147	3.560	2.976	3.120	3.062	2.137	3.080	2.921 2	0.015 9

地表城市热岛强度比较复杂，受各种因素的综合影响。虽然我们通过不同的归一化方法确定了自组织映射方法在时空模式中影响聚类的主要因素，但对不同区域和聚类的内在解释还需要进一步研究。

4.5 小结

在本研究中，我们提出了研究地表城市热岛强度格局及其关系研究框架。研究结果为人们对中国地表城市热岛强度的区域性认识提供了依据。结合时间序列 MODIS LST 数据集与土地利用和土地覆盖数据集，评估了中国 32 个主要城市的地表城市热岛强度的时空变化。自组织映射方法还用于揭示本研究区域所选城市的时空格局及其关系。本研究表明，南北方地表城市热岛强度的过程和时空格局受气候类型的影响。此外，一个城市的地表城市热岛强度的时间变化趋势主要受城市化发展的影响。

日间和夜间地表城市热岛强度因南北方的地理环境不同而存在显著差异。我国日间地表城市热岛强度具有明显的季节变化，夏季最高，冬季最低，而北方地表城市热岛强度的变化相对较高。夜间地表城市热岛强度比白天弱得多，季节变化也低得多，4 个季节的标准误差小于 0.3 K。而夜间地表城市热岛强度的空间格局更明显，北方明显高于南方。南北方的地理环境和辐射差异可能是产生地表城市热岛显著空间差异的主导因素。

本研究中自组织映射方法的另一个发现是，一个城市的地表城市热岛强度与城市化发展关系更密切，尽管一个城市的地表城市热岛强度值仍然受到城市位置的影响。中国一线特大城市的热环境得到了有效改善，而城市群热环境恶化的城市大多属于发展中城市。一方面，这可能是由于发达城市的热环境越来越受到人们的重视，并采取了绿化等改善措施；另一方面，也可能是发展中城市对工业发展的关注过高而忽视了环境问题。无论如何，研究结果表明，并不是所有城市的热环境都像以往研究报道的那样随着城市化的发展而越来越差。

第五章　虚拟空间中城市热岛对健康影响的测度研究

传统研究多采用疾病控制中心等的统计数据作为人群健康表征指标以量化高温对健康的影响，该类指标仅从疾病等健康结局的角度反映高温对健康的影响，并不能及时、全面地反映出高温对人群健康的影响。社交媒体不断发展，人们通过微博等社交软件实时表达情感及对环境的认知，但现阶段关于民众对高温感知的研究比较少。本研究旨在利用大数据分析方法，基于社交媒体数据，识别并提取虚拟空间居民对高温事件的感知，以此测度城市热岛对居民健康产生的影响。

5.1　引言

尽管目前对热浪没有一个普遍的定义[153]，但热浪事件通常通过下面的两个因素进行统计描述，即一定的高温阈值和温度超过阈值的连续天数[154-155]。实际上，这两个因素的值在不同地区是不同的。例如，在欧洲瑞典，温度一旦高于25℃，就被认定为发生了热浪事件，而在伊朗，这一阈值约为42℃且42℃以上天气至少持续两天[156]。在中国，中国气象局规定日最高气温大于等于35℃且持续3天以上的高温天气称为高温热浪，而每个省市亦可根据当地气候特点，自行划定界限温度值[157]。阈值的背景差异实际上反映了温度对当地的不同影响[158]。然而，根据热浪的定义和物理属性，通常选择三个指标来量化热浪，即热浪持续时间（HWD）、热浪频率（HWF）和热浪强度（HWI）[159]。热浪持续时间描述了研究年度内热浪的持续天数，热浪频率是指出现热浪的次数，热浪强度是指热浪事件中的最高温度。这些变量与研究年度内人口对热浪事件的敏感性有关[160]。

越来越多的研究利用多源数据集从暴露和敏感性的角度来解释热浪事件。在暴露方面，通常使用地理空间中的三个指标（热浪频率、热浪持续时间和热浪强度）进行量化[160]。主要的数据来源是气象站的观测空气温度数据，其优点是时间序列长，早期阶段在特定区域内时间频率密集[161]。为了弥补气象站观测空气温度数据空间覆盖稀疏的弱点，人们又利用了从卫星遥感图像中获得的地表温度数据，主要是美国国家航空航天局的中分辨率成像光谱仪产品[162–163]。然而，尽管中分辨率成像光谱仪产品、地表温度产品的时间分辨率很高，但受云层的影响，实际上很难得出长时间序列的日地表温度数据，尤其是对大的研究区域来说[164]。由于热浪事件的量化指标还包括热浪持续时间和热浪频率，因此还应考虑温度的空间和时间分布。在敏感性方面，通常用热浪事件引起的死亡率来表示[165–166]。据报道，老年人、儿童和贫困人口等特殊群体对热浪事件更敏感[167]，但相关数据集主要受制于统计规模或保密性，较难应用。此外，也很难区分实时和长期遭受热浪事件的影响。幸运的是，社交媒体的快速发展和语义分析方法使得获取直接信息来测量实时表达的情绪成为可能，例如幸福感[108]。它们也被广泛用于呈现地点以及其他地理特征[92，104]。研究人员也尝试使用社交媒体来研究热浪。弗朗西斯卡（Francesca）等[168]做了一项开创性的工作，他们利用推特社交媒体来研究印度的热浪死亡率，研究表明社交媒体与气候数据相结合可以研究大范围热浪对居民健康的影响。总地来说，这些新的数据源和方法可从实时表达情绪的角度来研究居民对热浪事件的敏感性。

5.2　数据和研究方法

5.2.1　气象观测数据

中国天气网记录了全国各个城市逐日的气象数据，该网站汇集了全国城市的天气预报信息。因为数据信息经过严格核对，所以具有较高的准确性。本章在天气网中选取 2017 年 5—10 月北京的气象数据进行分析，气象数据包括每日最高温度与最低温度等。

5.2.2 社交媒体数据

随着互联网技术的不断发展，微博等社交软件越来越成为人们日常生活中必不可少的一分子，不论是传统媒体、新兴媒体还是用户本身，对高温事件的发生，都会发布或发表讯息和看法。本章利用新浪微博应用程序编程接口和网络爬虫软件获取全国城市微博数据，此数据与气象数据相对应。

5.2.3 BERT 语义识别

由于本研究只关注关于热浪的微博，因此利用双向编码器表示法（BERT）[169] 对原始微博数据集进行了过滤，选择相关的微博条目。BERT 是谷歌在 2018 年发布的一种语言编码器，能够将输入的句子或段落翻译成相应的语义特征。在这项研究中，我们随机选择了 14 000 条微博作为训练样本。

对于每条微博，如果与高温天气有关，则手动标记为 1，否则标记为 0。例如，这些微博表达了对高温天气的实时情绪："外面太热了，现在回家""太热了，无心写作业""开心的一天，只是太热"。通过调整学习率和迭代次数，BERT 分类器的总体准确率达 93%。根据训练的分类器，所有的微博被输入 BERT 中，并选择与高温天气有关的条目。最后，利用行政边界对每个城市的选定微博进行剪裁。

5.2.4 社交媒体空间中热浪事件的定义

人们会在社交媒体上表达他们的实时情绪[108]，因此可以合理地推断，当地理空间中出现高温天气时，居民会在社交媒体上发布他们对高温天气的实时情绪。我们认为，关于高温天气的微博数量可以反映社交媒体空间中热浪事件的强度，也就是说，关于高温天气的微博越多，社交媒体空间中热浪事件的强度就越大。为了更好地进行城市间的比较，本研究将有关高温天气的微博条目占全部微博条目的比例（本研究称之为微博热度）作为提取社交媒体空间中热浪事件的指标。为了定义热浪事件，一定的阈值和超过这个阈值的连续天数这两个值是必不可少的[155]。我们用平均值和标准差之和作为阈值来提取社交媒体空间中的热浪事件。具体来说，对于每个城市，我们计算了研究期间微博热度的平均值和标准差。然后，将平均值和标准差之和作为阈值。在地理空间和社交媒体空间中超过阈值的连续天数均设定为 3 天。也就是说，如果微博热度超过平均值和标准差之和且持续了 3 天，则认为社交媒体空间中出现了热浪事件。

5.3　研究结果

5.3.1　基于文本挖掘的高温微博

利用新浪微博 API 和网络爬虫软件爬取到的数据，存在相当大的噪声，需要对数据进行文本清洗，才能进行后期分析。清洗数据是数据分析的基础，社交媒体数据复杂多样，尤其是微博中的文本数据，里面充斥着大量广告、转发、表情符号、图片等无关信息，如果不将这些无关信息清洗掉，则会影响后期文本分析的精度。

本章中文本清洗主要是通过 Python 程序实现的，将获取到的复杂多变的微博文本数据输入已经写好的 Python 程序中，便可以得到较为整洁、清楚的微博数据，如表 5–1 所示。

表5–1　微博数据清洗表（节选）

	清洗前	清洗后
1	用可乐瓶和易拉罐自制高达 1 500℃高温喷枪的黑科技！！　# 微博视频 #L 秒拍视频	用可乐瓶和易拉罐自制高达 1 500℃高温喷枪的黑科技！！
2	高温熔铜 VS 胶水，没想到最后结果竟是这样的 L 秒拍视频	高温熔铜 VS 胶水，没想到最后结果竟是这样的
3	【银川今日最高温逼近 30℃！可是这里更热……】大阅城联合丝涟床垫、宁夏安琪爱心基金会、FM104.7 银川今日最高温逼近 30℃！可是这里更热……	大阅城联合丝涟床垫、宁夏安琪爱心基金会、FM104.7 银川今日最高温逼近 30℃！可是这里更热……

利用 BERT 方法对采集到的微博数据进行分类，必须要建立一个高预测值的训练集。利用 Excel 中 LOOK UP 函数在清洗后的微博数据中随机筛选出 14 000 条微博数据，采取手动标注的方式对这些数据进行赋值，以微博内容是否与天气高温有关为规则，与高温天气无关的赋值为 0，与高温天气有关的赋值为 1。同时，为了保证准确率，采取监督分类的方式，由两人进行盲标，最后将两份标签进行比对，得到初步的训练集。

将初步得到的训练集输入 Python 程序中进行分类，此训练集经过混淆矩阵的计算，得到的预测值为 83.7%，此预测值远低于预期值。因此，对此训练进行迭代处理，经过反复实验，最终选出 1 500 条微博数据作为训练集，此时预测值达到 92.9%，达到预期值。预测值的计算是通过混淆矩阵得到的，混淆矩阵的计算是随机抽取训练集中 25% 的数据量做计算，如表 5–2 所示。将人工标注为 1 的数据量与机器学习为 1 的数据量相加作分子，抽取 25% 的数据量作分母，相除后得到预测值。利用自检合格的训练集对搜集到的微博利用 Python 程序进行 BERT 分类，收集到北京市 2017 年 5—10 月的微博共 6 605 369 条，与高温有关的微博有 58 683 条。

表5–2　文本混淆矩阵表

	训练集中为 1	训练集中为 0
识别结果为 1	687	74
识别结果为 0	33	706

5.3.2　相关性分析

将分类好的微博数据在 Excel 中录入，并且结合收集到的物理气象数据，将社交媒体空间中的高温数据与具体物理气温相对比，初步判断民众是否会因气温变化而产生激烈讨论，从而印证、识别社交媒体高温事件的合理性。

考虑到每天收集到的微博数据量不同，如果只是简单将每天高温微博数据与每日气温作对比，就会产生较大误差。因此，将每日高温微博数量与每日收集到的总微博数量的比值作为对比数据，与每日气温进行目视相关性判读。

图 5-1 中“比值”线条代表每日高温微博数量与每日收集到的总微博数量的比值，“最高温度”线条代表北京市 2017 年 5 月 1 日—10 月 15 日每日的最高气温，“最低温度”线条代表北京市 2017 年 5 月 1 日—10 月 15 日每日的最低气温。从图 5-1 中所反映的折线变化趋势判断，北京市 2017 年 5 月至 10 月民众所发布的与高温有关的微博相对数量虽然并不和当日气温一致，但仍表现出超前性或者滞后性。出现这种情况的原因可能是气象台或者官方媒体公众号会提前发布天气预报，从而引发民众热议；也可能是突然间的气候变化引起民众体感温度的变化，进而引发热议，因此出现超前或者滞后的情况是合理的。总体来看，高温微博与气象温度之间是存在相关性的。由此可初步判定基于社交媒体的高温事件判读具有合理性。

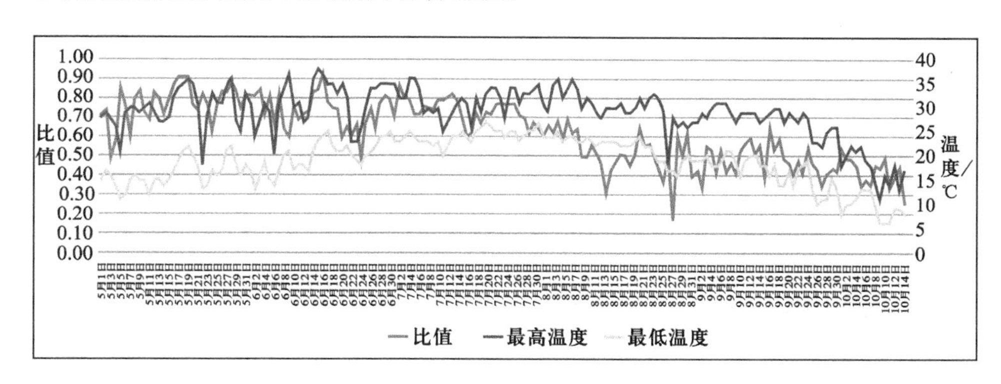

图5-1 北京市2017年5—10月高温数据对比

图 5-2 显示了城市居民敏感度与温度之间的关系。折线图表示微博上热浪事件相关微博的比例，条形图表示微博上关于热浪事件的数量。总体而言，5 个城市的居民在微博上讨论热浪事件的情况与温度变化之间呈正相关。具体来说，当气温低于 30℃时，虽然微博上讨论热浪事件的人数有所增加，但其比例并未呈现增加趋势，因此，在该温度范围内，人们对热浪事件的敏感性与温度的升高没有明显的正相关关系。当温度大于或等于 30℃而小于 34℃时，与热浪事件相关的微博数量随着温度的升高而增加。热浪事件相关微博数量在 35℃时达到峰值，之后显著下降。而热浪事件相关微博的比例与气温变化趋势更为一致，特别是在 36℃至 37℃时观察到的增长率最高。虽然热浪事件相关

微博数量也存在类似趋势，但其相关性略弱于热浪事件与微博帖子的比例。

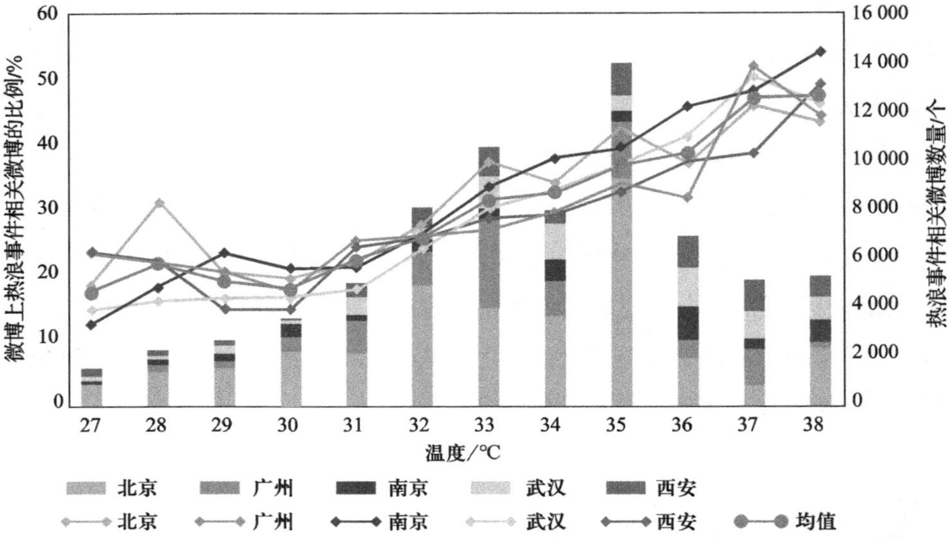

图5–2　微博空间中城市居民敏感度随温度变化的趋势

5.3.3　基于社交媒体数据的高温事件识别

基于社交媒体数据的高温事件有别于气象学上对高温事件的定义，它是由当日发布的社交媒体数据决定的。由于研究区的城市各不相同，受人口、经济发展程度等多方面的影响，基于城市定位所获取到的微博数据也各不相同，最终对于辨别基于社交媒体数据的高温事件的标准自然也各不相同。本研究以5.2.4 中对社交媒体空间中热浪事件的定义为标准，最终得到了基于社交媒体的高温事件。

为了评估本研究提出的基于平均值与标准差之和的热浪事件提取方法，我们将社交媒体空间中提取的热浪事件与地理空间中的热浪事件进行比较。我们选择北京作为典型案例，如图 5–3 所示。研究期间，在北京的地理空间中有 4 个热浪事件被提取，总天数为 16 天；在社交媒体空间中，有 3 个热浪事件被提取，总天数为 12 天。两个空间中提取的天数的总系数为 0.50。社交媒体空间中最后一次热浪事件比地理空间上的热浪事件来得更早，这并不意外，因为居民会收到天气预报的警告，并为即将到来的热天气做好准备。此外，我们还预计微博热度会有不同时间的提前或滞后，例如，社交媒体空间中的第二个热浪事件，这是由不同时期的敏感度不同造成的。

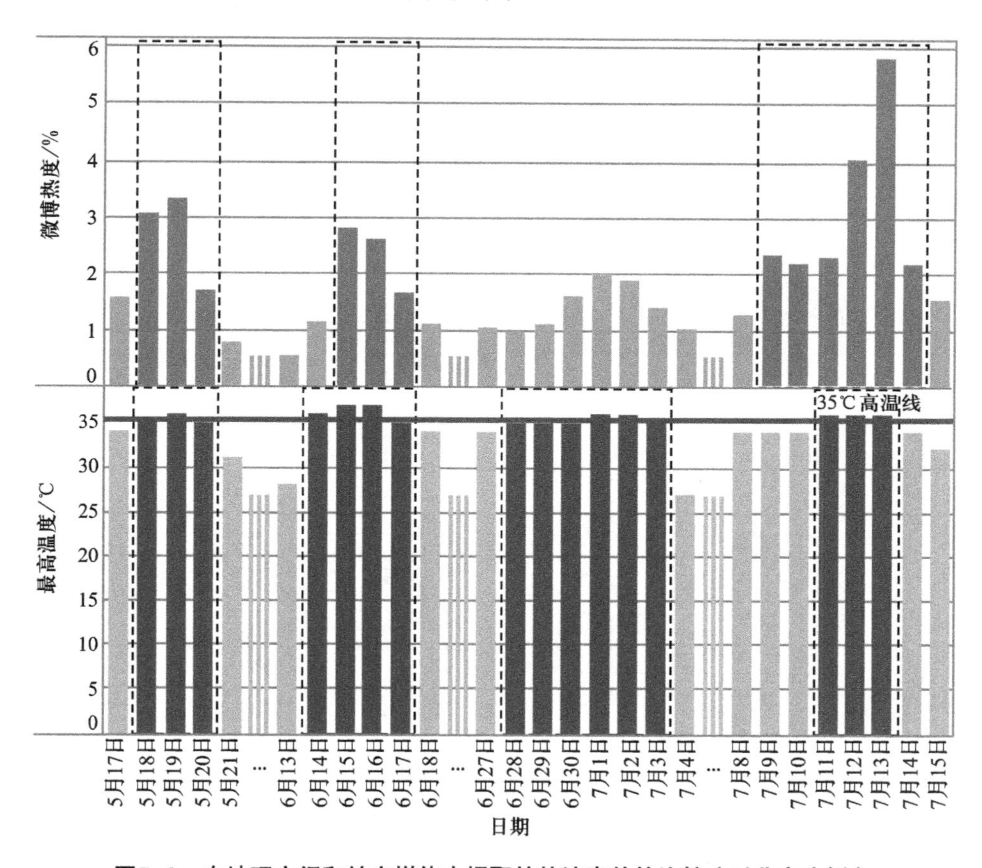

图5–3 在地理空间和社交媒体中提取的热浪事件的比较（以北京为例）

5.3.4 对从社交媒体中提取的热浪事件的评估

首先讨论了本研究提出的假设，即当地理空间中出现高温天气时，居民会在社交媒体上发布他们对高温天气的实时表达，并且，高温天气的微博数量可以反映社交媒体中热浪事件的强度。为此，我们通过散点图揭示了日最高气温与微博热度之间的关系，典型案例见图 5–4。我们观察到两者存在明显的正相关关系，这两个变量之间的饱和效应也很明显，这是因为地理空间的最高温度是有限的（通常不超过 42℃），而当温度超过人体的舒适度时，社交媒体上对高温天气的抱怨和表达的数量就会增加。总之，本研究中提出的假设是合理的。

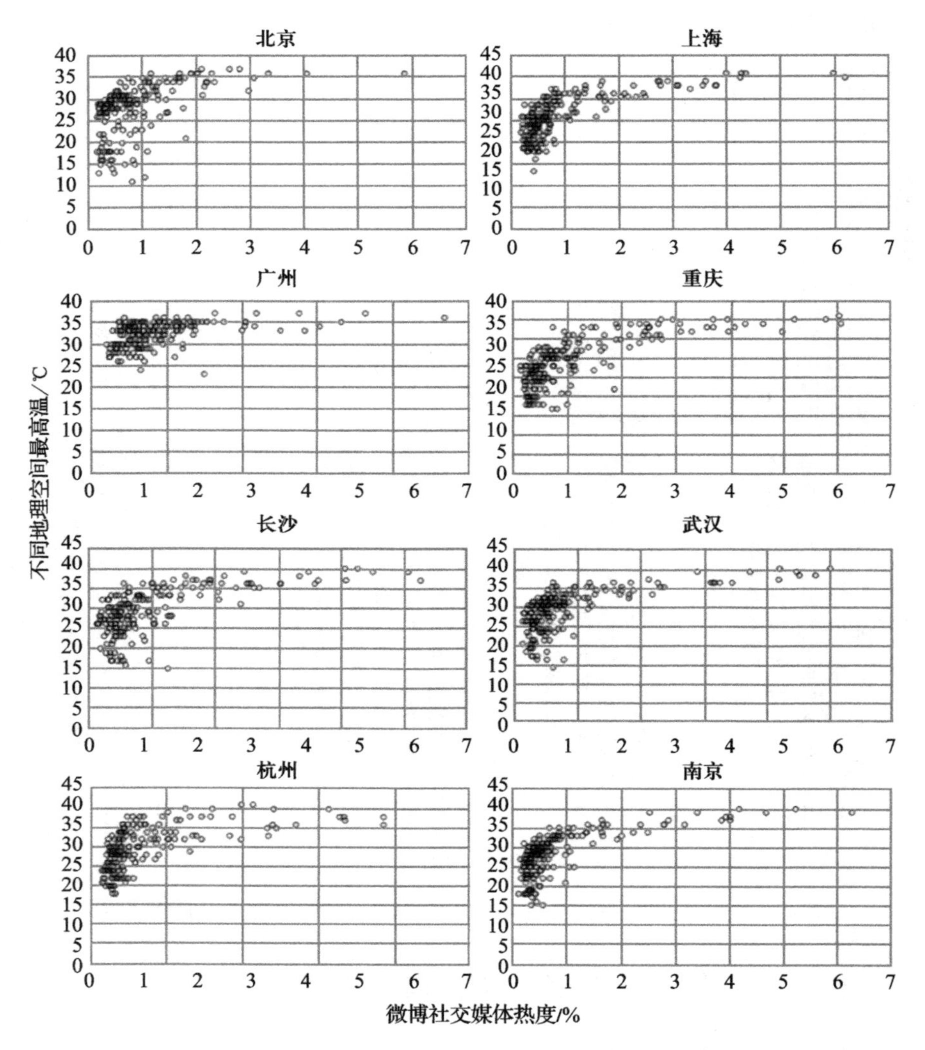

图5–4 城市的地理空间最高温度与微博热度的散点图

地理空间中的最高温度与社交媒体中的微博热度之间的显著相关关系也体现在不同的相关系数（CC）上，最高达到0.689 840（见表5–3）。较高的相关系数意味着人类对温度的敏感性与实际温度之间的一致性较高。可以看出，具有较强显著相关关系的城市（相关系数大于0.6）主要是分散在长江沿岸，如武汉、南京、杭州、重庆和上海。实际上，这些城市在地理空间上夏季经常出现热浪事件。在这些城市的社交媒体上，人们对高温天气的情绪表达也很密集。而相关系数较低的城市分布较分散，如拉萨、昆明、长春、哈尔滨和乌鲁木齐。这可能是由于不同人群对热浪事件的敏感度不同，这也是本研究的出发点，将在接下来的内容中详细讨论。

表5-3　高温热浪期间最高温度、社交媒体的微博热度及两者相关系数

城市名	最高温度 / ℃	高温微博条数 / 条	总微博数 / 条	相关系数
北京市	37	58 683	208 940	0.474 412
成都市	36	23 082	91 658	0.458 499
福州市	39	5 974	24 976	0.537 18
广州市	37	21 942	86 450	0.373 229
贵阳市	32	3 490	14 998	0.375 569
哈尔滨市	35	15	25 171	0.202 030
海口市	37	5 647	20 933	0.390 638
杭州市	41	19 566	99 530	0.661 374
合肥市	38	7 307	28 482	0.396 304
呼和浩特市	36	6 122	26 052	0.359 912
济南市	38	15 431	155 352	0.553 643
昆明市	29	5 006	24 420	0.143 971
拉萨市	27	773	4 525	0.102 998
兰州市	38	4 127	15 979	0.471 236
南昌市	39	4 757	18 615	0.556 022
南京市	40	11 319	38 657	0.624 080
南宁市	37	4 683	19 916	0.360 301
上海市	40	39 750	148 405	0.689 840
沈阳市	36	5 102	32 110	0.442 955
石家庄市	39	8 404	27 603	0.460 700
太原市	37	6 025	23 804	0.431 792
天津市	39	15 689	53 041	0.486 865
乌鲁木齐市	39	17	12 177	0.225 849
武汉市	40	15 606	60 421	0.607 838

续表

城市名	最高温度 / ℃	高温微博条数 / 条	总微博数 / 条	相关系数
西安市	42	23 027	70 473	0.580 439
西宁市	34	1 883	10 665	0.525 049
银川市	40	2 630	15 168	0.410 595
长春市	33	16	23 916	0.179 776
长沙市	40	9 439	38 115	0.581 664
郑州市	38	13 528	55 194	0.552 016
重庆市	41	19 748	68 290	0.676 389

5.4 小结

微博数据和空气温度观测数据的整合可以很好地分辨出热浪事件的暴露度和敏感性。地理空间的最高气温与社交媒体中的微博热度之间存在明显的正相关关系。本研究还提出了一种创新的方法来提取社交媒体中的热浪事件，以揭示居民对热浪事件的敏感性。

第六章　高温热浪对居民健康影响的空间分异研究

研究高温对健康影响的空间分异特征具有重要理论和实践意义。然而，中国人民关于高温热浪对居民健康的实时影响知之甚少。为了填补这一空白，我们采用微博文本数据，结合人们发帖时的气象条件，评估了中国主要大城市的高温暴露和人们对高温敏感性及其空间差异。本研究提出的框架集成了社交媒体语义分析、时间序列数据统计方法和空间分析技术，为评估城市热岛对居民健康影响的研究提供了新的范式。

6.1　引言

作为气候变化和城市化带来的一种极端天气，热浪事件对全球尤其是美国和欧洲国家的人类社会和环境状况产生了重大影响[170-176]。虽然中国对热浪事件的研究报道相对较少，但近年来与热浪事件相关的严重后果已经引起了人们的关注。例如，2013 年，一场持续时间长、范围广的热浪袭击了中国东部地区，影响了 5 亿多人，尤其是对南京和上海等城市的影响较大[23, 177, 178]。文献［179］的研究表明，2013 年南京长达 14 天的极端热浪天气造成了 274.9 亿元的直接经济损失，相当于该市当年总产值的 3.43%。研究还证实，与热有关的疾病和损失主要集中在城市地区，在过去的几十年里，除了气候变化之外，中国的热环境问题主要是人为因素造成的[27, 147, 159, 180]。考虑到中国快速的城市化发展，城市人口不断增加，未来的热浪将变得更加频繁和强烈，这不仅会带来严重的经济损失，还会危害人民的生命安全[42]。

不同城市对热浪事件的暴露和敏感性是不一样的。例如，Ward K 等[176]

的研究表明位于欧洲较冷城市的居民比在温暖地区的居民受到热浪事件的影响更大。文献［181］发现北大陆地区的死亡率在高纬度被放大了12.4%，而地中海地区的死亡率则达到21.8%。欧洲较温暖的地区受到不同程度的热浪事件影响[174]，具体表现为欧洲中南部地区的热浪强度增加最明显，而地中海地区的高温持续时间最明显[182-183]，高温热浪对南部地区的影响越来越受到人们关注[184, 185]。近年来，中国也经常报道高温热浪事件，学者对中国多个城市或省份进行了一系列关于热浪事件及其影响的研究，例如上海市[186]、广东省[187]、南京市[188]、北京市[92]等，这些结果极大地提高了中国对热浪事件的认识，丰富了我们对热浪事件模式和影响的认知。然而，与国外的研究相比，我们对热浪事件的认识还有很长的路要走。例如，中国各城市的热浪事件在暴露和敏感性方面是否存在异质性的问题，目前还没有答案。实际上，中国涵盖了丰富的气候类型，而且大城市在过去几年中经历了快速扩张，对热浪事件进行深入研究具有很强的现实意义。因此，我们试图通过地理空间中的空气温度和微博社交媒体数据来识别热浪事件，并揭示中国人对高温天气的实时情绪。此外，我们还比较了中国各大城市对热浪事件的暴露和敏感性的空间异质性特征。

6.2 数据和研究方法

6.2.1 研究区

城市建设用地和人口的增加给中国带来了一系列的城市环境后果，其中极端天气事件，特别是热浪变得越来越突出。在这项研究中，我们选择了中国的31个城市作为研究区域。

6.2.2 数据

在这项研究中，我们采用了以下3个主要数据集：气象数据集（每日最高地表空气温度）、微博社交媒体数据和辅助数据集（气候类型、人口和基本地理数据库）。

6.2.2.1　气象数据集

2017 年 5 月 1 日至 10 月 31 日的日最高地表空气温度数据集是由中国气象局收集的，用于研究地理空间中的热浪事件暴露。所有的数据集都通过人工检查和纠正进行质量控制，准确率接近 100%。

6.2.2.2　微博数据

在本研究中，使用网络爬虫技术从微博平台上获得了中国 2017 年的所有微博数据。共收集了 1 544 000 条微博，包括地理位置（经纬度）、时间和文本内容等字段。根据微博数据中心发布的《2017 年微博用户趋势报告》，截至 2017 年 9 月，微博平台上有 3.76 亿月活跃用户。尽管社交媒体上的用户可能因年龄、性别、职业和个人行为的不同而有所差异[104]，但微博数据仍然凭借丰富的语境内容和地理位置信息的优势，在探测时空热点事件研究中发挥着重要作用[193]。特定时空区域内的微博数量可以用来辅助事件的检测和进行空间分析[194]。因此，我们选择了微博数据来识别社交媒体中的热浪事件，并进一步反映人类对热浪事件的敏感性。

6.2.2.3　其他辅助数据集

本研究中，2017 年城市人口统计数据来自《中国统计年鉴 2018》。中国气象局发布的中国气候区域划分由国家地球系统科学数据中心提供。在本研究中，原来的 21 个分组被重新划分为 6 组，即寒温带、暖温带、中温带、亚热带、热带和山地高原区。所有比例尺为 1∶4 000 000 的行政边界图都是从国家地球系统科学数据中心获得的。这些边界被用来划分城市并提取研究区域的微博数据。

6.2.3　研究方法

在地理空间和社交媒体空间中，提出并量化了对热浪事件的暴露和敏感性。首先，根据气象数据集提取了地理空间中的热浪事件，然后对其空间模式进行可视化和定性描述。其次，基于微博数据提取了社交媒体空间中的热浪事件。最后，通过定性和定量的方法对这两个角度的空间模式进行比较研究。本研究的整体框架如图 6–1 所示。

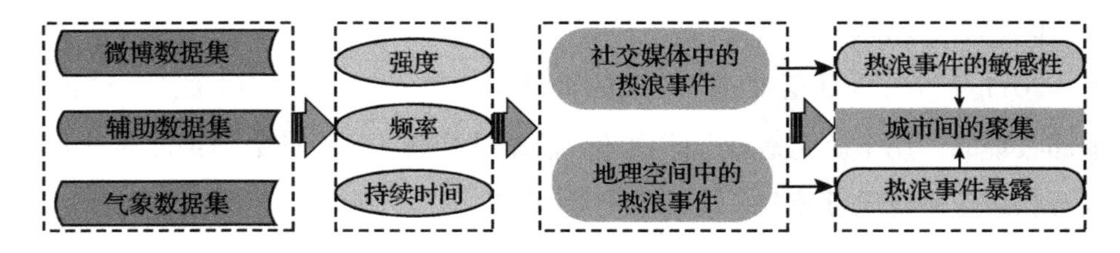

图6-1　研究流程图

6.2.3.1　热浪事件的识别和提取

在本研究中，我们采用了绝对阈值和相对阈值这两个指标来量化地理空间中的热浪事件。首先，采用中国气象局设置的热预警标准来提取城市热浪事件，即如果日最高地表空气温度超过 35℃，并且超过这个阈值的天数至少持续 3 天，就认为发生了城市热浪事件。其次，考虑到高温热浪的定义具有区域特征，即当地平均温度各不相同，我们使用第 90 百分位上的数值（TX90）作为量化热浪的相对阈值[195]。也就是说，如果在研究期间，每日最高温度大于第 90 百分位上的温度，并至少持续了 3 天，就认为是热浪事件。每个城市的 TX90 的相对阈值见表 6–1。最后，基于这两个阈值，研究区域内所有的城市热浪事件都被提取并进行比较。按照文献［160］中的做法，我们还记录了热浪持续时间（HWD）、热浪频率（HWF）和热浪强度（HWI）这三个指标，以量化暴露于热浪事件的情况。采用第五章中的方法量化和提取社交媒体空间中的热浪事件。

表6–1　微博条目信息和研究期间TX90的相对阈值

城市	高温天气微博数量 / 条	所有微博数量 / 条	2017 年人口 / 万	微博热度 / %	微博占人口的比例 /%	TX90 相对阈值 /℃
北京	58 683	6 605 369	1 359.20	0.89	48.60	35
长春	16	792 743	748.92	0.00	10.59	31
长沙	9 439	991 827	708.79	0.95	13.99	36
成都	23 082	2 315 606	1 435.33	1.00	16.13	33
重庆	19 748	1 721 193	3 389.82	1.15	5.08	38
福州	5 974	612 730	693.35	0.97	8.84	37
广州	21 942	2 529 538	897.87	0.87	28.17	35

续表

城市	高温天气微博数量 / 条	所有微博数量 / 条	2017 年人口 / 万	微博热度 / %	微博占人口的比例 /%	TX90 相对阈值 /℃
贵阳	3 490	410 989	408.31	0.85	10.07	29
海口	5 647	285 228	171.05	1.98	16.68	35
杭州	19 566	2 935 602	753.88	0.67	38.94	37
哈尔滨	15	887 460	955.00	0.00	9.29	31
合肥	7 307	761 816	742.76	0.96	10.26	36
呼和浩特	6 122	404 217	242.85	1.51	16.64	31
济南	15 431	4 200 950	643.62	0.37	65.27	35
昆明	5 006	726 312	562.99	0.69	12.90	27
兰州	4 127	437 739	325.55	0.94	13.45	33
拉萨	773	178 695	54.36	0.43	32.87	25
南昌	4 757	505 580	524.66	0.94	9.64	36
南京	11 319	1 424 656	680.67	0.79	20.93	35
南宁	4 683	516 937	756.86	0.91	6.83	35
上海	39 750	4 074 961	1 455.13	0.98	28.00	37
沈阳	5 102	1 111 885	736.95	0.46	15.09	32
石家庄	8 404	827 567	973.29	1.02	8.50	36
太原	6 025	681 547	369.17	0.88	18.46	34
天津	15 689	1 581 175	1 049.99	0.99	15.06	35
乌鲁木齐	17	321 709	222.62	0.01	14.45	33
武汉	15 606	1 427 985	853.65	1.09	16.73	35
西安	23 027	1 783 004	905.68	1.29	19.69	38
西宁	1 883	306 971	205.58	0.61	14.93	29
银川	2 630	254 968	188.59	1.03	13.52	33
郑州	13 528	1 400 464	842.25	0.97	16.63	36

6.2.3.2 城市间热浪事件的聚类

首先，计算每个城市的热浪强度、热浪持续时间和热浪频率这三个指标；其次，用描述性统计方法分析地理空间和社交媒体空间的热浪事件模式；最后，利用自组织映射（SOM）模型将地理空间和社交媒体空间提取的热浪事件联系起来，探讨城市间的相似性和异质性。

在实践中，所有的热浪事件首先被组织成一个 31 行 ×149 列的矩阵作为输入数据，这意味着有 31 个城市，每个城市在研究期间（从 2017 年 5 月 1 日至 10 月 31 日）有 149 天。如果热浪事件发生在地理空间，则标记为 1；如果热浪事件发生在社交媒体空间，则标记为 2；如果热浪事件同时发生在地理空间和社交媒体空间，则标记为 3，否则标记为 0。

6.3 结果和讨论

6.3.1 空间分布特征

热浪事件在地理空间和社交媒体中的空间分布表现出不同的特点。从强度上看（见表 6–2），最高温度超过 40℃的城市有银川、南京、武汉、长沙、上海、杭州、重庆和西安。事实上，夏季天气炎热的城市大部分分布在长江流域，这个地区的天气被亚热带高气压控制，形成了夏季的高温。此外，独特的地形和地貌条件也是造成高温天气的原因。例如，重庆和武汉众多的山区以及河流和湖泊极大地促进了炎热天气的形成。随着全球变化和城市化进程的推进，地理特征在不断变化，各城市的气候也在不断变化。然而，在社交媒体中，强度较高的城市是北京、上海、成都、西安、广州、重庆、杭州、天津、武汉和济南。综上所述，社交媒体上的高密集度表明这些城市的居民对高温天气的敏感性更高。

在频率和持续时间方面，我们比较了绝对阈值（35℃）和相对阈值（TX90）的结果。由于相对阈值随城市不同而变化，两种方法不可避免地存在差异。例如，拉萨、昆明、贵阳的相对阈值分别为 25℃、27℃、29℃，而上海和杭州、重庆和西安则达到 37℃、38℃。由于我们只关注微博社交媒体中对热浪事件的实时表达情绪，而不是直接评估热浪事件，所以这里只讨论地理空间和社交媒体中热浪事件的差异。对于绝对阈值（35℃）的结果（见表

6–2)，可以看出，地理空间中的频率和持续时间高于社交媒体空间中的频率和持续时间的城市集中分布在中温带、亚热带、热带区域，那里的地理空间温度在夏季很高。这些城市的居民在很大程度上适应了这样的天气，那么对高温天气的抱怨也就相应减少了，而处在寒温带、暖温带区域的城市在地理空间中没有或很少有热浪事件，而人们在社交媒体上仍然表现出对炎热天气的抱怨。我们可以推断，人们认为热浪事件的发生是基于当地的正常温度，而不是中国气象局的高温预警。相对阈值的结果进一步证明了这一点。根据 TX90 方法，所有城市在研究期间都经历了频繁的热浪事件，例如在拉萨、昆明、长春、哈尔滨、呼和浩特、贵阳、成都和西宁等城市，地理空间和社交媒体中的热浪事件都被观察到。此外，我们也观察到社交媒体上有更多抱怨的城市，如西宁、太原和济南，这反映了人们对高温天气的不同敏感性。

表6–2 研究期间地理空间和社交媒体空间的热浪事件的频率、持续时间和强度

	地理空间			社交媒体空间		
城市名	频率 / 次	持续时间 / 天	强度 / ℃	频率 / 次	持续时间 / 天	强度 / 条
北京	4	16	37	5	19	58 683
成都	0	0	36	5	24	23 082
福州	7	50	39	4	16	5 974
广州	9	38	37	4	18	21 942
贵阳	0	0	32	2	12	3 490
哈尔滨	0	0	35	0	0	15
海口	2	14	37	1	8	5 647
杭州	5	34	41	2	21	19 566
合肥	5	30	38	1	14	7 307
呼和浩特	0	0	36	3	21	6 122
济南	4	18	38	4	16	15 431
昆明	0	0	29	3	10	5 006
拉萨	0	0	27	1	3	773
兰州	1	12	38	1	16	4 127
南昌	4	37	39	3	16	4 757

续表

城市名	地理空间			社交媒体空间		
	频率/次	持续时间/天	强度/℃	频率/次	持续时间/天	强度/条
南京	2	21	40	2	20	11 319
南宁	4	17	37	5	21	4 683
上海	4	32	40	3	30	39 750
沈阳	1	3	36	4	21	5 102
石家庄	4	24	39	4	19	8 404
太原	1	7	37	3	19	6 025
天津	4	17	39	4	21	15 689
乌鲁木齐	2	7	39	1	4	17
武汉	3	25	40	2	18	15 606
西安	6	41	42	3	22	23 027
西宁	0	0	34	2	17	1 883
银川	1	7	40	2	13	2 630
长春	0	0	33	0	0	16
长沙	4	36	40	5	27	9 439
郑州	8	35	38	4	16	13 528
重庆	5	44	41	5	25	19 748

6.3.2 城市间热浪事件的聚类

我们分析了基于绝对阈值（35℃）和TX90相对阈值的聚类结果。聚类结果显示出集中分布和随机分布两种模式。本章只介绍TX90的结果（见图6–2）。结果显示，那些位于亚热带的长江沿岸的城市被自动聚类，其特点是在地理空间上经常出现热浪事件，而在社交媒体空间中的频率较低。当然，也有一些由分散分布的城市组成的聚类，如第2聚类和第6聚类。这些具有不同气候类型的城市在中国从北到南都有分布。这种复杂的模式可以用自组织映射方法的机制以及地理空间和社交媒体空间中热浪事件的规律性来解释。如上所述，自组织映射方法的重点在时间的相似性上，即城市间地理和社交媒体中热浪事件的起始日期和结束日期的相似性上。聚类模式不仅受到地理空间中热浪事件暴露的影响，而且还受到社交媒体中人口敏感度的影响。

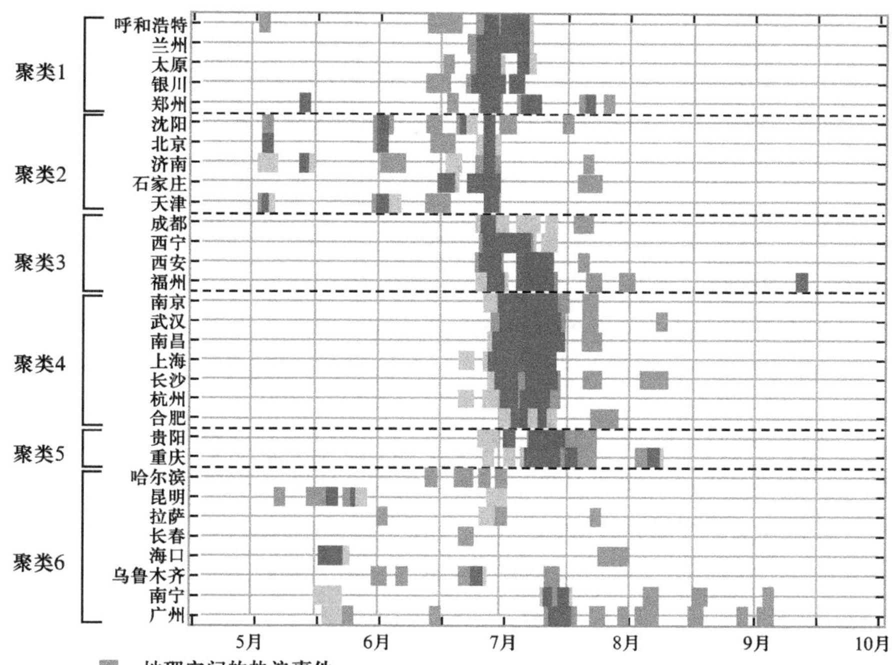

图6-2　TX90的聚类结果

尽管量化每个聚类的特征相当困难，但在列出城市中每个热浪事件的开始日期和结束日期后，可以在持续时间和频率方面对它们进行区分（见图 6-2）。聚类 1 中的城市（呼和浩特、兰州、太原、银川、郑州）的典型特征是在地理空间中较早观察到热浪事件，社交媒体空间与地理空间中同时出现热浪事件发生在 7 月左右。可以说，这些城市对热浪事件的敏感性较低。一个特殊的情况是郑州，其社交媒体空间上也在早期观察到了热浪事件，但相似的总持续时间使它与聚类 1 中的其他城市形成了一个聚类。在聚类 3、聚类 4 和聚类 5 的城市中，热浪事件先出现在社交媒体空间中。虽然聚类 3 的城市（成都、西宁、西安和福州）在地理上比较分散，但由于这些城市在 6 月下旬就在社交媒体上抱怨炎热的天气，而福州则稍早一些，因此他们对热浪事件的敏感性也比较高。聚类 4（南京、武汉、南昌、上海、长沙、杭州、合肥）和聚类 5（贵阳、重庆）中的城市有类似的特点，即地理分布集中，7 月在地理空间和社交媒体空间上都有密集的热浪事件，这是亚热带气候类型造成的。它们早期的热浪事件出现在社交媒体空间中，而在后期对炎热天气的敏感性较低，表现为地理空间中密集的热浪事件和社交媒体空间中较少的热浪事件。聚类 5 中的 2 个城市在地理和社交媒体中都有相对分散的热浪事件。聚类 2 中的城市（北京、济南、沈阳、石家庄、天津），它们的特点是 5 月初在社交媒体空间或地理空间中出现了热浪事件。除沈阳，这些城市主要位于中温带，因此其比其他城市更早遭受高温天气。聚类 6 的 8 个城市（哈尔滨、昆明、拉萨、长春、海口、乌鲁木齐、南宁和广州）广泛分布在不同的气候区。它由两类城市组成：一类是根据中国气象局的绝对阈值，在地理空间上没有出现热浪事件的城市，但根据当地的正常温度能观察到热浪事件，如哈尔滨、昆明、拉萨、长春。据进一步记录，人们认为热浪事件的发生是基于当地的正常温度。另一类是那些在地理空间上有相对高温的城市，如海口、广州、乌鲁木齐和南宁。在研究期间，这两类城市在地理空间或社交媒体空间上都有长期和不连续的热浪事件的特征。

总之，热浪事件的暴露和敏感性是相当复杂的，并受到各种因素的综合影响。尽管从自组织映射中得出的聚类模式为我们提供了中国城市间的整体情况，并且每个聚类的特征也得以区分，但不同地区和聚类的内在解释仍值得进一步研究。值得注意的是，我们只介绍了从历史数据中观察到的热浪事件的暴露和敏感性。研究表明，温度呈现出随时间上升的趋势，极端天气使社交媒体上的情绪表达恶化[197]。我们的研究证明了一种在热浪事件研究中利用社交媒体的研究方法。我们可以评估与城市地区未来气候相关的热浪事件风险。未来的研究可以根据社交媒体数据来预测未来的热浪事件效应。

6.4 小结

通过结合微博数据和空气温度观测数据，本研究提出了一种评估人口对热浪事件暴露和敏感性的新方法，并应用于中国 31 个城市。此外，还采用了自组织映射方法来揭示所选城市的空间模式及其关系。这项研究提供了一个区域性的理解，并强调了中国对热浪事件暴露和敏感性的异质性。

不同城市对热浪事件的暴露和敏感性表现出明显的异质性模式。自组织映射的六个聚类组显示了气候类型和独特的地理位置对热浪事件的暴露和敏感性的影响。例如，聚类 2 中的城市在地理空间上或社交媒体空间上较早经历了 5 月的热浪事件，这些城市主要位于中温带，比其他城市更早遭受炎热天气。聚类 4、聚类 5 中的城市属于亚热带气候类型，在 7 月的地理空间和社交媒体空间中都显示出密集的热浪事件。聚类 6 的结果显示人们认为热浪事件的发生基于当地的正常温度，而相对阈值（TX90）被用来提取地理空间中的热浪事件。无论如何，研究结果表明，并非所有天气炎热的城市都会受到更多的热浪事件影响，因为当地居民可能已经适应了这种天气状况，因此对热浪事件的敏感性较低，而那些天气相对寒冷的城市则对热浪事件更敏感。由于对热浪事件的敏感度研究相当复杂，并受到各种因素的综合影响，因此建议未来的研究采用适应性热舒适模型来揭示其机制。这项研究不仅可以促进我们对人口暴露的异质性和对热浪事件的敏感性的理解，还提供了一种在热浪事件研究中利用社交媒体进行研究的方法。

案例应用篇（二）

空气污染对健康影响的感知研究

第七章 空气污染对健康影响的测度

本章内容主要介绍了微博大数据以及基于微博大数据进行空气污染相关健康感知信息提取的主要流程，包括微博数据预处理、基于 BERT 模型的健康感知信息提取等。本章内容进行的工作是健康感知数据的挖掘，是开展后续研究的基础。

7.1 微博大数据

根据微博官方发布的 2020 年用户发展报告，从地理视角来看微博用户的分布，发现微博用户几乎覆盖了中国的所有城市，整体呈现东高西低的空间分布特点，其中京津冀、长三角、闽三角、珠三角以及川渝地区的微博用户分布较为密集。这些遍布全国各地的微博用户在本研究中被视为一个个传感器[198]，如此大的用户体量，微博平台每天会产生海量的数据，挖掘海量微博数据中蕴含的丰富时空以及文本语义信息，可以为研究者挖掘微博文本数据背后蕴含的居民健康状态提供数据支撑。微博数据已经被应用于社会舆情分析[199]、情感分析[200]、群体行为分析[201]、热点追踪[202]等多个方面（见图 7-1）。因此，本研究选择通过微博数据来感知中国城市居民与空气污染相关的健康状况。

2018 年 7 月 3 日，国务院印发了《打赢蓝天保卫战三年行动计划》，文件中明确提出关于 $PM_{2.5}$ 浓度、空气质量优良天数、重度及以上污染天数的空气质量改良目标。随着这项空气污染防治战略举措的实施，中国城市空气质量有了明显的改善。由于本研究的目的是探索基于社交媒体数据感知空气污染对健康影响的可行性及技术路线，因此在蓝天保卫战之前的恶劣空气质量下的微博用户生成的数据对于本研究来说更具研究价值。所以本研究使用的微博数据集中于 2017 年 1 月 1 日至 2017 年 12 月 31 日，希望基于中国恶劣空气质量下的微博数据进行的研究能够为其他正在经历严重空气污染的国家提供理论参考。

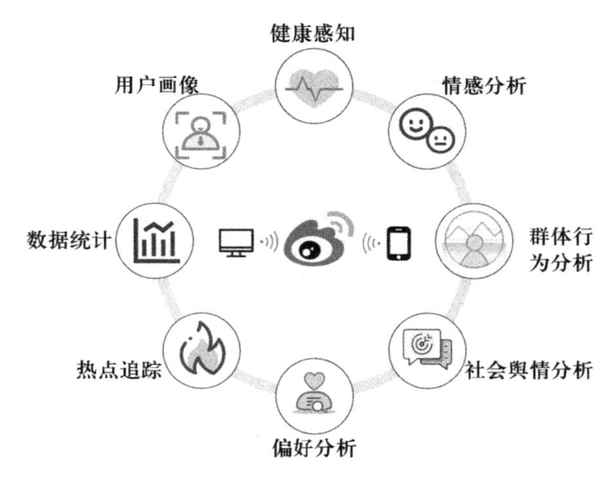

图7–1　微博数据的部分应用

综上所述，我们基于 Python 程序从新浪微博开放平台获取了 2017 年的 2 亿多条微博数据，表 7–1 展示了微博数据示例，可以发现这些数据不仅包含时间、纬度、经度等具有地理研究价值的时空位置信息，还包含文本内容，具有丰富的语义信息，为我们进行空气污染相关健康感知数据的挖掘提供了支撑。

表7–1　微博数据示例

微博文本	纬度 / 度	经度 / 度	时间
大雾霾天气，嗓子疼	39.893	116.478	2017 年 10 月 20 日 10：34
雾霾给我嗓子弄得一点不舒服	39.871	116.348	2017 年 1 月 3 日 09：49
虽然外面有霾，但在诊室里只看到了阳光	39.893	116.466	2017 年 11 月 5 日 13：23
一天的阴霾终会过去，还有什么比实验成功更开心的呢	39.959	116.315	2017 年 4 月 20 日 22：24

7.2 方法

7.2.1 微博数据预处理

由于本研究所需的微博数据是和居民与空气污染相关的健康状况有关的微博，所以需要对原始微博数据进行预处理，剔除无关微博数据，本研究对微博数据的预处理主要包括两部分内容：

第一步，使用关键词进行初筛，关键词为与空气污染相关的反映健康状况的词。研究发现，当空气污染发生时，对人体最直接的影响首先反映在呼吸道症状上，空气污染物中的细颗粒物能够通过呼吸进入人的呼吸道并深入肺部，引起咳嗽、嗓子痛等不良健康反应[203]。受到空气污染影响的人们可能会在微博平台上发布与自身健康状况有关的信息，这些信息便是本研究数据挖掘的目标。因此，本研究确定了咳嗽、嗓子疼、$PM_{2.5}$、雾霾、空气污染、口罩等多个人们在微博上发布与空气污染相关的健康信息时可能会提到的关键词，通过这些关键词从原始的 2 亿多条微博数据中筛选出约 194 万条数据。

第二步，数据清洗。最初获取的原始微博文本数据中包含大量表情符号、广告等与主题文本无关的信息，这些无关信息的存在会影响后续数据挖掘的精度，因此需要进行数据清洗。本研究基于 Python 对经过关键词初筛的 194 万条数据进行了清洗，表 7–2 展示了清洗前后的微博文本数据，清洗后可以得到清晰、简洁的微博文本数据，为下一步挖掘健康感知信息奠定了良好的数据基础。

表7–2 清洗前后微博文本数据

清洗前	清洗后
不想有雾霾，嗓子难受［抓狂］［抓狂］	不想有雾霾，嗓子难受
这大雾霾什么时候能过去，早上起来眼睛是难受的□♀□□♀□□♀	这大雾霾什么时候能过去，早上起来眼睛是难受的
连续接近一周的雾霾，已经让我咽部不适，眼镜上全是灰［泪］	连续接近一周的雾霾，已经让我咽部不适，眼镜上全是灰
≥﹏≤雾霾天，感觉要把肺咳出来了 # 难受 #	雾霾天，感觉要把肺咳出来了

续表

清洗前	清洗后
雾霾太大了，咳嗽了，鼻子、嗓子都不舒服［二哈］［二哈］	雾霾太大了，咳嗽了，鼻子、嗓子都不舒服

7.2.2　BERT 模型

BERT 模型是谷歌公司于 2018 年发布的自然语言处理模型，是一种基于双向编码器的语言预训练模型[169]。BERT 模型在众多自然语言处理模型中表现突出，是因为它在处理一个词元（token）的时候，能考虑到该词前面和后面单词的信息，从而获取上下文的语义，有效地提升了文本分类的精度。在 BERT 当中，若输入的是单个句子，则表示为［<CLS>，句子词元，<SEP>］；若输入的是句子对，则表示为［<CLS>，句子 A 的词元，<SEP>，句子 B 的词元，<SEP>］。图 7–2 可视化了这个过程。BERT 使用可学习的位置嵌入，输入的数据是词元嵌入、片段嵌入和位置嵌入的和。

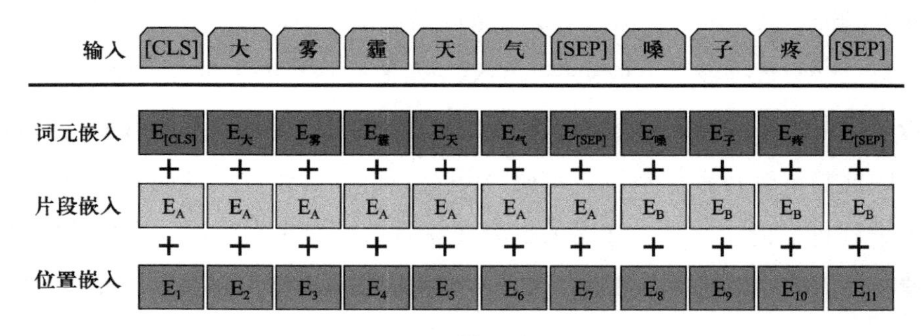

图7–2　BERT模型输入可视化

作为一种语言预训练模型，BERT 的预训练过程就是逐渐调整模型参数，使模型输出的文本语义能够刻画语言的本质的过程。为了达到这个目的，需要进行两个预训练任务：掩蔽语言建模（Masked Language Modeling）和下一句预测（Next Sentence Prediction）。掩蔽语言建模的任务为：给定一句话，随机抹去这句话中的一个或几个词，要求根据剩余词汇预测被抹去的词是什么。下一句预测的任务为：给定一篇文章中的两句话，判断第二句话在文本中是否紧跟在第一句话之后。

图 7–3 展示了应用 BERT 模型进行单一句子文本分类的结构示意图。文本分类最基本的做法就是将预训练的 BERT 加载后，同时在输出［CLS］的基础上加一个全连接层来做分类，全连接层输出的维度就是我们要分类的类别数。BERT 模型已经被用于问答系统、情感分析、垃圾邮件过滤、命名实体识别、文档聚类等多种任务中。

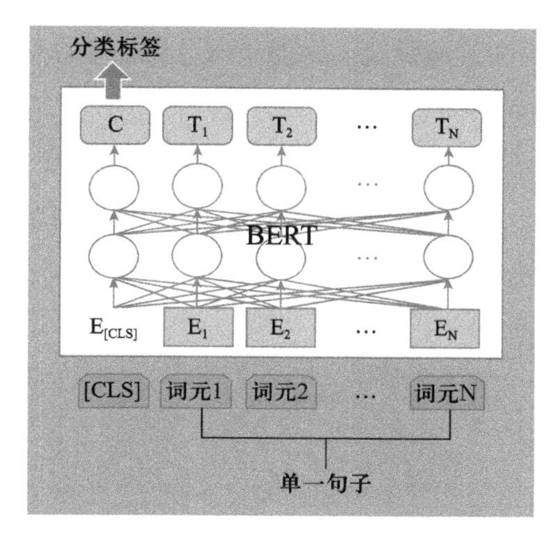

图7–3　BERT模型单一句子文本分类结构示意图

7.2.3　健康感知信息提取

本研究以 BERT 模型为基础，根据所抓取的微博文本是否与空气污染相关的健康状况有关进行文本分类，主要有以下几个步骤。

首先，建立训练集。从经过关键词初筛、数据清理之后的数据中随机选择 20 000 条微博组成训练集。人工识别这些微博数据是否与空气污染相关的健康状况有关，如果它与空气污染相关的健康状况有关，则将这条微博文本标记为 1，否则标记为 0，如表 7–3 所示。

表7–3　训练集微博数据示例

微博文本	数据标签
大雾霾天气，嗓子疼	1
雾霾给我嗓子弄得一点不舒服	1

续表

微博文本	数据标签
虽然外面有霾，但在诊室里只看到了阳光	0
一天的阴霾终会过去，还有什么比实验成功更开心的呢	0

其次，将训练集数据输入 BERT 模型，通过调整迭代次数，BERT 模型对反映与空气污染相关的健康状况的微博文本分类的总体精度超过 86%，经过分析，本研究认为该精度可以支持后续研究。

最后，基于以上的模型训练成果，将经过关键词初筛、数据清理之后的约 194 万条微博数据输入 BERT 模型中作为预测集，预测识别全国范围内反映与空气污染相关的健康状况的微博。图 7–4 展示了本研究处理微博数据的流程。

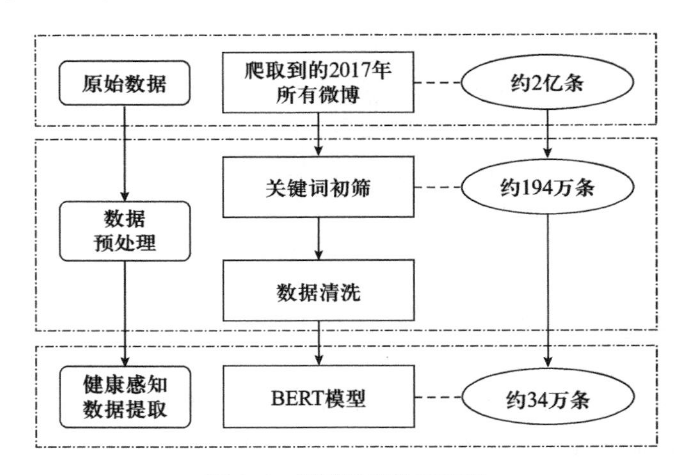

图7–4　微博数据处理流程

7.3　结果和讨论

7.3.1　健康感知提取结果

经过关键词初筛、数据清洗、BERT 模型识别，最终筛选出全国范围内 343 351 条健康感知微博数据，这些数据的空间分布特征是东部地区密集，西部地区稀疏。这种模式与胡焕庸线反映的中国人口分布格局相对应，并且在京津冀、长三角、珠三角、川渝等地区人口分布较为密集、经济较为发达的城市群中健康感知微博数据也呈现相对密集的分布。

7.3.2　健康感知数据精度验证

本研究通过 BERT 模型语义分析提取了 2017 年与空气污染相关的反映健康状况的微博。为了评估提取微博数据的有效性，我们以北京市为例，从语义、时间序列、数量关系三个方面进行了验证。

词云图的结果可以反映出所提取的微博中出现较多的关键词，从而侧面验证所提取的微博是否与本研究的研究主题相关。从图 7–5 中可以看出，我们所提取的微博中出现的高频词包括“医院”这一与健康问题强烈相关的场所关键词，“霾”“雾”等与空气污染相关的事件关键词，以及“嗓子疼”“头疼”“咳嗽”等与空气污染相关的反映健康状况的症状关键词，这些高频的关键词符合我们的研究目的，因此可以初步判定所提取的微博具有可靠性。

图7–5　北京市健康感知数据词云图

我们将社交媒体空间中居民的健康状况与地理空间中的空气质量进行了时间序列以及数量关系的相关性分析，结果如图 7–6 所示。首先是时间序列相关性分析。在中国，空气质量指数（AQI）被划分为六个等级，其中，当空气质量指数大于100时，被定义为污染，包括轻度污染（100~150）、中度污染（150~200）、重度污染（200~300）、严重污染（300~500）。从图中的折线图可以看出，当空气质量指数在地理空间中处于高位时，社交媒体空间中的舆情也会出现高峰。例如，地理空间中的空气污染事件发生于1月1日至1月7日，总共持续了7天；5月4日至5月5日，地理空间发生了为期两天的空气污染事件，但由于持续时间较短，社交媒体空间中与空气污染相关的反映健康状况的微博数量有小幅增长，但没有1月的舆情反应强烈。其次是数量关系的相关性分析。我们使用SPSS软件计算了2017年与空气污染相关的反映健康状况的微博的每日数量与每日空气质量指数的相关系数。经计算，相关系数（Correlation Coefficient，CC）为0.22，在0.01的水平上显著。以上时间序列以及数量关系的分析结果可以验证我们所提取的微博数据在反映居民健康状况方面的有效性。

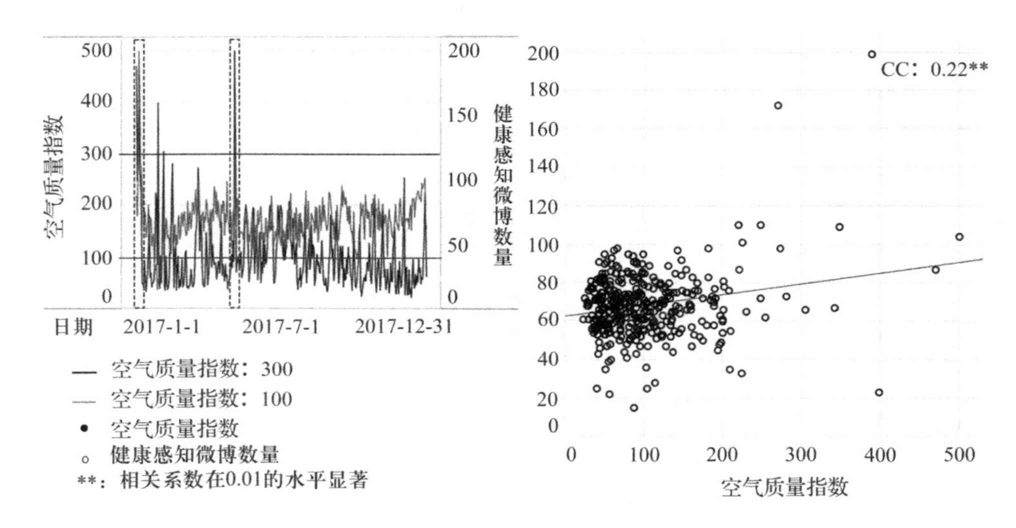

图7-6 北京市健康感知数据与空气质量指数相关性分析

7.4 小结

本章详细介绍了微博大数据及微博数据的处理流程，并对健康感知数据进行了精度验证。其中非常重要的部分是基于 BERT 模型对健康感知数据的提取。健康感知是将每个微博用户视为传感器，利用这些传感器产生的数据感知人类健康。健康感知数据的应用可以使空气污染对人体健康的影响从更全面的角度上得到充分的揭示。但是社交媒体数据在使用时常因其样本代表性问题备受争议，社交媒体的用户大多数是年轻人，不能构成整个群体的代表样本，这可能会给研究结果带来不确定性。但是，由于这项研究是从微博数据中感知与空气污染相关的健康状况的创新性尝试，并且年轻人受教育程度普遍较高，在参与公共事务时也更加活跃，他们的声音在激励政府制定和实施政策方面更为重要。因此，这项基于微博数据的研究可以为政府在空气污染带来潜在严重后果之前提供有效的预警信号，如果城市公共卫生管理和规划机构接收到社交媒体上发出的居民健康预警信号，那么城市公共卫生的管理和规划将会更加贴近居民的真实生活，有利于城市管理的人性化、综合化、科学化发展。

第八章　空气污染对健康影响的空间分异

空气污染严重威胁着人类健康。了解空气污染对健康的影响对制定应对措施具有重要意义。本章通过广义相加模型（Generalized additive model，GAM）量化了空气污染和健康感知之间的关联，并在此基础上评估了中国70个城市对空气污染的敏感性和适应性。结果表明，微博数据可以很好地实时感知城市居民的健康。由于不同的地理特征和社会经济条件，中国居民对空气污染有一定的适应性，这表现在对空气污染敏感度的空间异质性上。华南和华东地区空气质量较好的城市对空气污染更敏感，而西北和华北地区空气质量较差的城市则对空气污染不太敏感。这项研究为探索健康感应和空气污染对健康的影响提供了一个新的视角和方法。

8.1　引言

随着工业化和城市化的快速发展，空气污染问题逐渐凸显，特别是在中国这样的发展中国家[104, 204]。为了治理空气污染，中国政府制定并实施了许多政策，中国的空气质量已经有所改善，但空气污染事件仍然时有发生。例如，中国许多发达城市的$PM_{2.5}$年平均浓度仍然超过世界卫生组织空气质量标准（10 μg/m^3）的5倍以上[197, 205]，给人类健康带来严重威胁[206, 207]。因此，持续关注空气污染对人类健康的影响对于学者和决策者来说非常重要。

空气污染与人类的多种疾病密切相关，如呼吸系统疾病[208–210]、心血管疾病[211–212]、癌症[213–214]和精神疾病[215–216]。由于地理环境和社会经济条件的差异，城市之间的空气质量存在差异，空气污染对健康的影响也具有空间上的异质性。在全球范围内，有学者[44]探索了华人暴露于$PM_{2.5}$空气污染下的时空变化，有力地证明了空气污染对健康影响的空间异质性。在全国范围内，学者们不仅关注单个城市的空气污染对健康的影响情况，如北京[217]、太原[218]和广州[219-220]，还联合分析了多个城市的空气污染对健康的影响[221]。这些研究对于我们了解中国空气污染对健康的影响具有重要意义。然而，在中国复杂的地理和社会经济条件下，居民对空气污染的敏感性是否存在异质性的问题仍然没有答案。事实上，对于遭受空气污染的发展中国家来说，明确阐释这一问题是有意义的。

网络社交媒体的兴起为学者们探索空气污染对健康的影响提供了新的数据来源。用户生成的数据具有监测疾病的能力，这一点已得到充分证明[2, 222, 223]。早在2009年，学者就利用搜索引擎的数据来监测流感疫情[2]。随着大数据日益融入健康研究[98]，人们普遍认为社交媒体是公共卫生监测的重要工具[99]。越来越多的研究利用社交媒体数据来反映健康结果，人们发现社交媒体数据反映的健康结果与实际病例数高度相关，相关系数可以达到0.984 6[100]，也就是说健康结果可以通过社交媒体数据有效地被感知。利用社交媒体数据反映健康结果，可以使对人类健康的研究走出医院，更贴近人们的生活，这样可以更及时、更敏锐地感知居民的健康反应，更全面地了解空气污染对人体健康的影响。在中国，微博数据被广泛用于感知人们对环境的主观感受，如与空气污染相关的幸福感[108]和对热浪的敏感性[224]。但其在健康感知方面的应用仍需进一步探索。

综上所述，我们试图通过挖掘基于社交媒体数据的健康感知来填补上述研究空白，进而探索中国70个城市的健康感知与空气污染之间的关系。具体而言，本研究有以下三个目标：①利用社交媒体数据挖掘实时表达的与空气污染相关的健康信息；②利用广义相加模型定量地将健康感知与空气污染联系起来；③探讨中国70个城市居民对空气污染敏感性的空间异质性。

8.2　数据与研究方法

8.2.1　研究区

在过去的几十年里，中国经历了快速的城市化发展，但随之而来的是空气污染的加剧。日益严重的空气污染给公众健康带来了严重威胁，尤其是在城市地区[207]。中国政府于2012年颁布了《环境空气质量标准》（GB3095—2012），该标准提出了第一批实施新的空气质量标准的74个城市。在现有气象资料有限的情况下，选取名单中的70个城市作为本研究的研究区域。

此外，中国地处亚洲大陆东部，地理条件多样[225]。为了探究空气污染敏感性的空间异质性，除了基于单个城市的分析，本研究还选取了七个地理区域进行空间分析[226-227]。根据综合地理条件，中国可以被划分为东北、华北、西北、西南、华中、华东、华南七个地理区域[228]。

8.2.2 数据

1. 微博数据

本部分研究中使用的微博数据是指第七章中经过关键词初筛、数据清洗以及BERT模型提取出的健康感知微博数据。应用于本部分的健康感知数据处理流程如下：首先，从国家地球系统科学数据中心官方网站中获取研究区70个城市1∶4 000 000比例的行政边界地图以及地理位置信息；其次，使用每个城市的行政边界数据在ArcGIS软件中筛选出每个城市的健康感知微博数据；最后，分别统计了70个城市2017年每天的健康感知微博数量，用于进行后续的时间序列分析。

2. 空气污染物数据

空气污染物数据来自空气质量数据在线发布平台，我们获取研究期间（2017年1月1日—2017年12月31日）70个城市各个空气质量监测站的空气污染物数据，计算除城市内控制点（为测量不受当地城市污染影响的城区空气质量状况而设置的监测点）外本市所有站点的空气污染物浓度平均值，然后再通过平均24小时的浓度来计算空气污染物的日浓度，并以此作为本研究中各城市的污染物浓度值。本研究中包括六种空气污染物，即直径小于等于2.5 μm的颗粒物（$PM_{2.5}$）、直径小于等于10 μm的颗粒物（PM_{10}）、一氧化碳（CO）、臭氧（O_3）、二氧化硫（SO_2）和二氧化氮（NO_2）。CO的初始单位为mg/m^3，其他污染物的初始单位为$\mu g/m^3$。为了统一广义相加模型结果，将六种污染物的单位统一

为 μg/m³。

3. 气象数据

为了控制广义相加模型中可能存在的混杂效应，本研究引入了三种气象数据，即日平均温度、日相对湿度和日平均风速。研究区各城市的这三种气象数据是通过国家气象科学数据中心官方网站获取的，我们主要获取了 2017 年 1 月 1 日至 2017 年 12 月 31 日各城市距市区最近的气象站的数据。这些气象数据的准确率接近 100%。

本研究中输入模型的样本数据如表 8-1 所示，包括健康感知微博日条目数、六种大气污染物日浓度以及气象数据。

表8-1　模型输入样本数据

城市	日期	时间序列	DOW	健康感知数量 / 条	$PM_{2.5}$/(μg/m³)	PM_{10}/(μg/m³)	CO/(μg/m³)	O_3/(μg/m³)	SO_2/(μg/m³)	NO_2/(μg/m³)	日平均气温 / ℃	日相对湿度 / %	日平均风速 / (m/s)
北京	2017/1/1	1	1	87	444	506	6.6	4.4	7.7	132	–4	90	1.3
	2017/1/2	2	0	72	169	279	3.3	22.3	13.5	97	–2.6	77	1.9
	…	…	…	…	…	…	…	…	…	…	…	…	…
	2017/12/31	365	1	62	31	64	0.8	20.2	5.5	50	–1.9	37	1.5
天津	2017/1/1	1	1	24	193	245	3.8	28	82	7	–1.8	15	9.7
	2017/1/2	2	0	22	285	328	6.3	32	139	14	–2.4	10	9.6
	…	…	…	…	…	…	…	…	…	…	…	…	…
	2017/12/31	365	1	13	173	220	3	22	86	15	–2.4	10	6.1
…	…	…	…	…	…	…					…	…	…
广州	2017/1/1	1	1	11	80	124	1.6	17	103	38	1.5	18	8.2
	2017/1/2	2	0	21	87	137	1.6	16	120	47	1.8	13	8.0
	…	…	…	…	…	…	…	…	…	…	…	…	…
	2017/12/31	365	1	22	44	62	9.5	12	38	67	1.5	41	6.5

DOW 是指 day of week，可以理解为星期几效应，是一个二分类变量，用来控制模型中工作日和非工作日的干扰作用。

8.2.3 基于广义相加模型的健康感知与空气污染的关联

本研究采用广义相加模型将微博健康感知与$PM_{2.5}$、PM_{10}、CO、O_3、SO_2、NO_2等大气污染物进行关联。广义相加模型是从传统的广义线性模型扩展而来的数学模型[229]。它可以有效地处理解释变量与效应变量之间的复杂非线性关系，并被广泛用于测量空气污染对健康的影响[230]。

本研究的广义相加模型构建如下：第一，建立基本模型。由于健康微博条目占每个城市总人口的比例相对较小（见表8-2），可以认为是一个随机的、独立的、小概率事件。因此，健康感知微博的分布近似于泊松分布[231]。第二，建立基于泊松分布的广义相加模型。模型中加入了时间趋势和气象数据的平滑样条，以星期几效应（DOW）作为亚变量。第三，基于最小模型残差自相关确定自由度（df）[232]。在本研究中，时间序列的自由度为10。我们选择3作为日平均气温、日相对湿度和日平均风速的自由度来控制它们潜在的非线性混杂效应[233-234]。第四，分别纳入6个空气污染变量，构建单污染物模型。基本模型公式如下：

$$\text{Log}(\mu_t)=\beta X_t+\text{ns}(\text{time}, \text{df}=10)+\text{as.factor}(\text{DOW})+$$
$$\text{ns}(\text{temperature}, \text{df}=3)+\text{ns}(\text{relative humidity}, \text{df}=3)$$
$$+\text{ns}(\text{wind speed}, \text{df}=3)+\alpha$$

其中，μ_t表示第t天健康感知的预期日次数；X_t为第t天大气污染物的平均浓度；β表示与空气污染物增加10 μg/m^{3}相关的对数健康感知增加率；time表示时间序列；df为自由度；DOW是控制星期几效应的虚拟变量；ns是平滑样条函数；α是截距。

第五，利用空气污染物浓度增加10 μg/m^{3}时健康感知的增长率，定量评价空气污染物对健康的影响，用超额风险（ER）及其95%置信区间（CIs）表示[218, 235]。超额风险的公式如下：

$$\text{ER}=[\text{EXP}(\beta\times 10)-1]\times 100\%$$

最后，空气污染物对人体健康影响有滞后效应，根据之前的相关研究，最大滞后时间为7天[236]。将滞后当天（lag0）和滞后7天（lag1~ lag7）的污染物分别拟合模型，分析6种污染物的最佳滞后期。分别计算滞后0~7天的ER值。在8个ER中，ER值最大的对应最佳滞后日，后续研究只使用ER值最大的滞后时间。

本研究的广义相加模型是使用R统计软件（3.6.2版）中的“splines”包和“mgcv”包进行构建的。统计学检验为双侧，$P<0.1$ 和 $P<0.05$ 均认为有统计学意义。所有结果在ArcGIS软件中进行可视化分析。

表8–2　各城市健康感知微博数量、人口及$PM_{2.5}$的P值

城市	健康感知微博数量/条	2017年人口/万人	$PM_{2.5}$的P值	城市	健康感知微博数量/条	2017年人口/万人	$PM_{2.5}$的P值
保定	2 285	1 169.05	0.009**	秦皇岛	948	311.08	0.155–
北京	24 882	1 359.20	0.000**	青岛	3 883	803.28	0.010**
沧州	1 205	755.49	0.038**	衢州	311	257.81	0.352–
常州	1 302	471.73	0.201–	厦门	2 219	401.00	0.061*
成都	7 735	1 435.33	0.000**	上海	12 427	1 455.13	0.009**
承德	563	356.50	0.194–	绍兴	1 045	446.48	0.039**
大连	3 198	594.90	0.014**	深圳	8 270	1 252.83	0.004**
东莞	2 201	834.25	0.013**	沈阳	8 947	736.95	0.092*
福州	2 007	693.35	0.022**	石家庄	4 138	1 087.99	0.002**
广州	8 152	1 449.84	0.000**	苏州	9 653	730.50	0.398–
贵阳	1 431	408.31	0.931–	台州	974	603.53	0.037**
哈尔滨	4 243	955.00	0.000**	太原	2 898	369.17	0.010**
海口	1 270	171.05	0.034**	唐山	1 676	789.70	0.216–
杭州	6 775	753.88	0.032**	天津	6 618	1 049.99	0.000**
合肥	3 657	742.76	0.200–	温州	1 724	824.55	0.065*
衡水	545	446.04	0.019**	乌鲁木齐	1 484	222.62	0.054*
呼和浩特	1 715	242.85	0.006**	无锡	1 815	1 068.36	0.003**
湖州	623	264.84	0.329–	武汉	6 066	853.65	0.031**
淮安	611	491.40	0.586–	西安	7 310	905.68	0.000**
惠州	1 183	477.70	0.091*	西宁	896	205.58	0.335–

续表

城市	健康感知微博数量 / 条	2017 年人口 / 万人	$PM_{2.5}$ 的 P 值	城市	健康感知微博数量 / 条	2017 年人口 / 万人	$PM_{2.5}$ 的 P 值
济南	8 146	643.62	0.384–	邢台	934	735.16	0.396–
嘉兴	1 249	352.12	0.154–	宿迁	758	491.46	0.883–
江门	535	456.17	0.037**	徐州	1 568	876.35	0.508–
金华	1 756	485.52	0.000**	盐城	663	724.22	0.175–
昆明	2 181	562.99	0.158–	扬州	943	450.82	0.047**
拉萨	828	54.36	0.052*	银川	1 067	188.59	0.013**
兰州	1 746	325.55	0.017**	张家口	756	443.31	0.592–
廊坊	1 075	474.09	0.267–	长春	3 665	748.92	0.499–
丽水	255	269.27	0.144–	长沙	3 784	708.79	0.192–
连云港	673	1 068.36	0.214–	肇庆	338	411.54	0.323–
南昌	2 103	524.66	0.017**	郑州	7 118	842.25	0.037**
南京	5 592	833.50	0.004**	中山	871	326.00	0.244–
南宁	2 029	756.86	0.005**	重庆	5 688	3 389.82	0.682–
南通	1 316	730.50	0.246–	舟山	124	97.15	0.586–
宁波	2 285	596.93	0.024**	珠海	640	176.54	0.020**

注：**：$P<0.05$；*：$0.05<P<0.1$；–：$P>0.1$。

8.3 结果

8.3.1 模型结果的描述性分析

本研究利用微博数据构建滞后 0~7 天的广义相加模型，将研究区各城市空气污染物与中国城市居民健康感知微博数据进行关联。对于每种空气污染物，给出了 ER 与相应滞后日之间的关系，根据 ER 值的最大值确定最佳滞后期。以北京市为例（见图 8–1），$PM_{2.5}$、PM_{10} 滞后 3 天，CO、NO_2 滞后 1 天，O_3 滞后 5 天，SO_2 滞后 7 天的时候对应的 ER 值分别达到最大值，分别为

1.06%（95% CIs：0.79、1.34）、0.78%（95% CIs：0.60、0.95）、0.12%（95% CIs：0.12、0.14）、5.36%（95% CIs：4.45、6.28）、0.32%（95% CIs：0.36、1.01）、1.04%（95% CIs：1.12、3.25）。选取的70个城市及其6种空气污染物的最终模型均采用ER值最大的最佳滞后期进行后续分析。*P*值也用来衡量ER值是否有统计学意义。由于长度的限制，表8-2中仅列出了70个城市$PM_{2.5}$的ER值的*P*值。可以看出，在0.05水平下，35个城市（$P<0.05$）的健康感知与$PM_{2.5}$之间存在显著关系，在0.1水平下，6个城市（$P<0.1$）的健康感知与$PM_{2.5}$之间存在显著关系，29个城市的相关系数不显著。

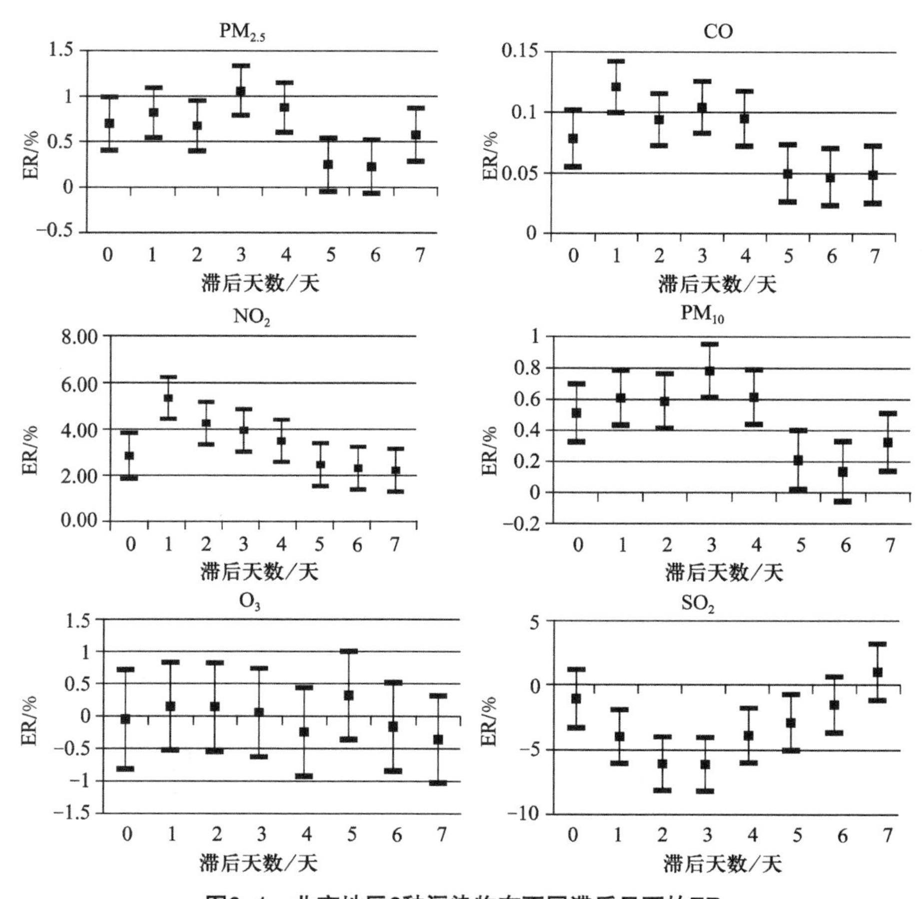

图8-1　北京地区6种污染物在不同滞后日下的ER

本研究分别对6种单污染物模型的可靠性进行了评价。即对于每个城市，将数据分为训练集（80%）和测试集（20%），采用研究期间滞后时间最佳的最终模型模拟日健康感知。该模型的可靠性取决于每日健康感知的残差分布。以北京市为例（见图 8–2），可以发现 6 种污染物在训练集和测试集中的残差分布均服从正态分布，均值为 1，说明模型是可靠的。

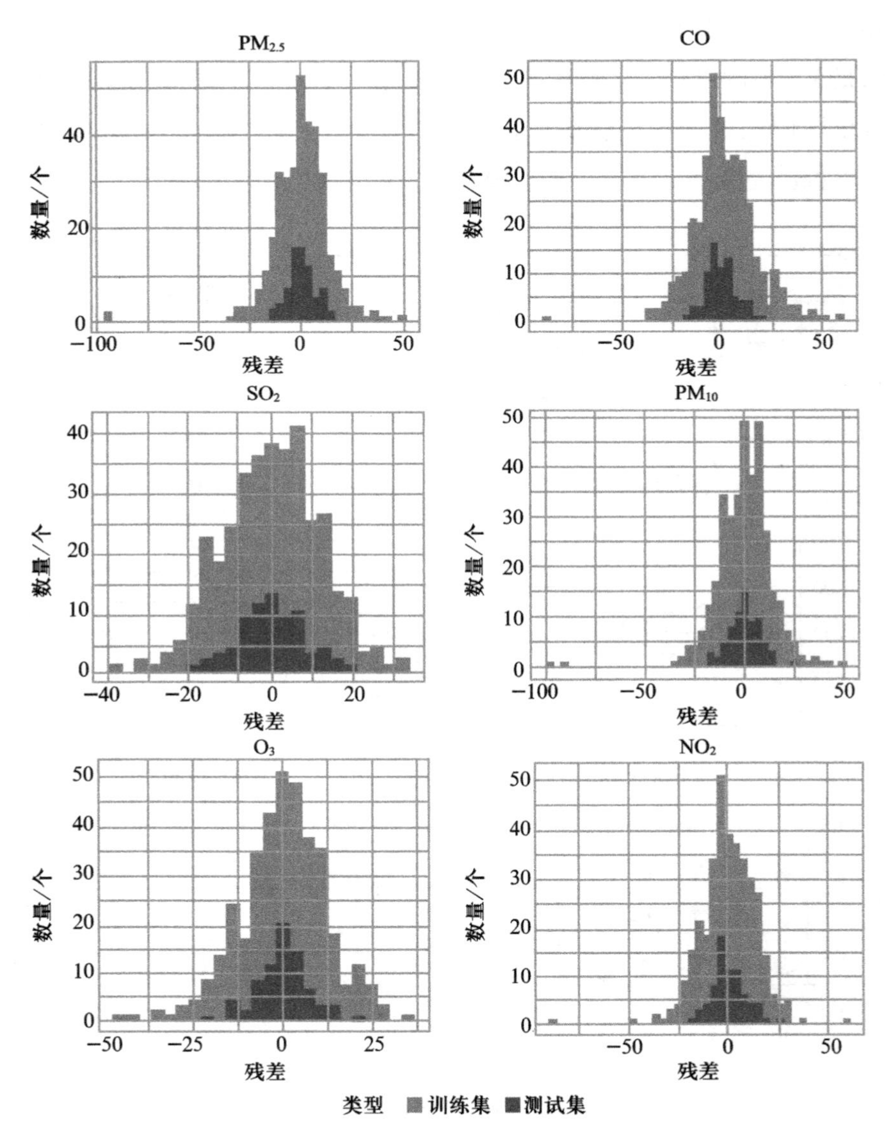

图8–2　北京六种污染物在最佳滞后时间下的训练集和测试集的健康感知的残差分布

8.3.2 ER 值的空间分布特点

在这项研究中，ER 值表示受空气污染影响的健康感知的增加。例如，北京 $PM_{2.5}$ 浓度每上升 10 μg/m^3，与空气污染相关的健康影响相关的微博数量将增加 1.06%。这个指标可以用于评价人们对空气污染的敏感性。ER 值越大，表明该城市居民对空气污染的敏感性越高。70 个城市的居民对 6 种污染物的敏感性如表 8–3 所示。$PM_{2.5}$ 和 PM_{10} 均为颗粒物，居民对这两种空气污染物的敏感性空间分布规律相似。华南城市对颗粒物的敏感性最高，其次是华东的南方城市。拉萨、海口、丽水、珠海、江门等城市居民对 $PM_{2.5}$ 高度敏感。南宁、海口、珠海、江门、丽水、金华、湖州等城市居民对 PM_{10} 的敏感性较高。西南、华中、华东、华南等南方城市居民对 CO 的敏感性高于北方城市居民。丽水、海口、拉萨是 CO 最敏感的 3 个城市，ER 值分别为 1.154%、0.893%、0.731%。华北、西北、西南和华东部分城市对 O_3 较为敏感，其中廊坊最为敏感。大部分城市对 SO_2 的敏感性较低，对 SO_2 敏感性较高的城市集中在华南和华东南部。值得一提的是，拉萨对 SO_2 非常敏感。NO_2 高敏感性城市分布在华北的廊坊、西南的贵阳、华东的丽水和华南的海口等地。

表8–3　70个城市居民对6种污染物的敏感性

所属地区	城市	$PM_{2.5}$–ER/%	PM_{10}–ER/%	CO–ER/%	SO_2–ER/%	NO_2–ER/%	O_3–ER/%
东北地区	长春	0.430	0.554	0.121	1.640	2.137	0.614
	哈尔滨	1.520	1.202	0.192	4.850	6.271	1.799
	沈阳	0.920	0.823	0.112	1.195	2.084	0.735
	大连	2.516	1.014	0.224	–2.509	4.205	1.628
华北地区	北京	1.060	0.775	0.120	1.042	5.362	0.324
	呼和浩特	2.200	0.665	0.269	4.649	7.641	1.920
	太原	1.300	0.829	0.128	1.403	3.609	1.435
	天津	1.320	0.555	0.078	5.327	3.885	2.501
	石家庄	1.150	1.004	0.096	2.024	3.523	1.910
	保定	1.187	0.756	0.104	3.568	2.180	2.872
	沧州	1.976	1.143	0.074	3.175	3.423	2.532

续表

所属地区	城市	$PM_{2.5}$-ER/%	PM_{10}-ER/%	CO-ER/%	SO_2-ER/%	NO_2-ER/%	O_3-ER/%
华北地区	承德	2.917	1.221	0.066	1.797	1.481	1.663
	衡水	2.591	0.482	0.076	8.833	−0.500	−0.174
	廊坊	2.072	1.845	0.149	9.819	16.185	14.479
	秦皇岛	1.582	1.050	0.071	7.730	4.635	2.279
	唐山	0.836	0.398	0.034	0.452	1.695	1.664
	邢台	0.715	0.244	0.022	4.060	2.226	1.577
	张家口	0.852	0.425	0.105	6.179	−1.725	1.050
华东地区	福州	5.320	3.008	0.472	42.531	8.156	2.709
	合肥	0.940	1.598	0.187	2.033	5.160	0.763
	济南	0.420	0.058	0.094	3.453	4.454	1.030
	南昌	2.850	1.819	0.294	2.241	3.760	4.066
	南京	2.140	1.244	0.302	9.954	5.235	0.453
	上海	1.200	0.889	0.171	9.040	2.781	0.115
	杭州	1.490	0.709	0.101	27.293	3.430	1.542
	常州	1.815	0.978	0.163	7.730	5.319	1.476
	淮安	0.962	0.745	−0.006	−1.391	2.643	1.953
	湖州	2.050	6.332	0.044	6.332	5.814	4.399
	嘉兴	2.207	1.286	0.093	6.155	1.955	0.799
	金华	5.243	5.023	0.610	23.141	9.316	0.709
	连云港	2.241	1.970	0.196	5.869	3.824	3.807
	丽水	6.210	5.455	1.154	34.997	24.789	4.359
	南通	1.872	1.108	0.165	5.565	0.761	1.219
	宁波	2.808	2.181	0.355	30.800	6.488	1.741
	青岛	1.878	0.902	0.257	5.865	5.329	1.801
	衢州	2.827	1.569	−0.045	11.464	5.130	5.266
	绍兴	3.310	1.999	0.249	14.023	6.120	2.563
	宿迁	−0.218	−0.086	−0.008	9.647	5.963	0.023
	苏州	0.453	−0.122	0.066	3.219	1.346	0.963
	台州	4.660	3.137	0.373	18.556	1.858	1.798

续表

所属地区	城市	$PM_{2.5}$-ER/%	PM_{10}-ER/%	CO-ER/%	SO_2-ER/%	NO_2-ER/%	O_3-ER/%
华东地区	温州	2.752	1.322	0.203	6.604	2.072	2.397
	无锡	3.623	2.085	0.255	12.030	4.903	1.193
	厦门	3.987	3.288	0.327	25.468	7.721	-0.799
	徐州	0.570	0.236	0.038	4.152	-0.069	0.840
	盐城	2.159	0.853	0.336	11.723	6.600	4.325
	扬州	3.243	2.290	0.340	3.805	4.398	4.274
	舟山	3.853	2.290	0.273	30.894	13.525	8.109
华南地区	广州	3.860	3.136	0.252	13.234	4.634	1.235
	海口	7.250	5.012	0.893	22.813	19.792	2.118
	南宁	4.720	4.747	0.463	58.158	11.927	0.625
	东莞	4.225	3.560	0.376	18.541	6.579	0.286
	惠州	5.042	4.180	0.411	36.244	7.863	1.232
	江门	6.602	4.605	0.497	22.668	4.661	2.547
	深圳	3.383	3.204	0.174	22.907	7.641	0.655
	肇庆	3.225	2.577	0.195	32.667	7.160	-1.525
	中山	3.009	2.191	0.220	20.336	4.886	1.447
	珠海	8.178	5.583	0.192	47.479	7.256	2.990
华中地区	长沙	0.850	0.945	0.257	6.908	5.976	1.502
	武汉	1.140	0.817	0.188	12.178	4.804	2.554
	郑州	0.720	0.573	0.161	1.711	5.518	0.830
西北地区	西安	1.700	1.133	0.175	5.898	6.155	1.897
	西宁	1.680	0.271	0.288	8.159	10.771	2.910
	银川	3.330	1.085	0.150	4.339	6.014	3.426
	兰州	2.680	0.406	0.082	6.975	3.052	4.511
	乌鲁木齐	1.500	1.036	0.137	6.246	5.132	2.449
西南地区	贵阳	0.190	1.699	0.274	-0.460	15.214	4.691
	昆明	3.070	2.164	0.323	2.415	7.355	5.333
	成都	1.620	1.170	0.370	13.132	5.961	3.479
	重庆	0.300	0.176	0.103	6.578	1.081	2.680

续表

所属地区	城市	$PM_{2.5}$-ER/%	PM_{10}-ER/%	CO-ER/%	SO_2-ER/%	NO_2-ER/%	O_3-ER/%
西南地区	拉萨	9.740	2.429	0.731	191.865	8.509	-0.302

8.3.3 ER 值的区域差异

方差分析（ANOVA）是一种检验两个或多个样本均值之间差异的显著性的统计方法，或一个变量的不同水平是否对观察变量产生显著差异[237]。当 $P<0.05$ 时，表示区域间差异显著。当方差值较大时，说明该区域内存在较大差异[238]。本研究将中国的 7 个地理区域划分为 7 个组，结果如表 8-4 所示。$PM_{2.5}$ 敏感性区域内差异最小的是华中地区，其次是华北、西北和东北地区，但这些区域之间存在着非常显著的差异。7 个区域中，PM_{10} 敏感性内部差异较小，其中华中地区最小，且区域间存在显著差异。CO 敏感性的内部差异非常小，区域间存在显著差异。东北、华中、西北地区对 O_3 的敏感性内部差异较小，区域间无差异。不同地区对 SO_2 的敏感性差异较大，尤其是西南地区、华东地区和华南地区，不同地区之间也存在显著差异。除华中地区 NO_2 敏感性内部差异较小外，其他地区差异均较大，7 个地理区域间差异显著。总体而言，居民对空气污染的敏感性在区域间和区域内存在显著差异。

表8-4　方差分析结果

	$PM_{2.5}$		PM_{10}		CO		O_3		SO_2		NO_2	
	均值	方差	均值	方差	均值	方差	均值	方差	均值	方差	均值	方差
东北地区	1.35	0.81	0.90	0.08	0.16	0.00	1.19	0.37	1.29	9.08	3.67	3.97
华北地区	1.55	0.47	0.81	0.18	0.10	0.00	2.57	12.44	4.29	8.81	3.83	18.11
西北地区	2.18	0.63	0.79	0.17	0.17	0.01	3.04	1.00	6.32	1.98	6.22	8.00
西南地区	2.98	15.63	1.53	0.80	0.36	0.05	3.18	4.84	42.71	6 978.77	7.62	26.01
华中地区	0.90	0.05	0.78	0.04	0.20	0.00	1.63	0.76	6.93	27.39	5.43	0.35
华东地区	2.51	2.49	1.87	2.50	0.24	0.05	2.20	3.74	12.87	129.93	5.48	21.53

续表

	$PM_{2.5}$		PM_{10}		CO		O_3		SO_2		NO_2	
	均值	**方差**	**均值**	**方差**	**均值**	**方差**	**均值**	**方差**	**均值**	**方差**	**均值**	**方差**
华南地区	4.95	3.27	3.88	1.25	0.37	0.05	1.16	1.64	29.50	200.40	8.24	21.05
组间差异的 P 值	0.00*		0.00*		0.02*		0.51		0.02*		0.25	

注：*表示通过0.05水平显著性检验。

8.4　讨论

8.4.1　基于微博数据的健康感知创新

本研究从一个新的角度提出了健康感知的概念，将每个微博用户视为一个传感器[198]，这些传感器产生的数据可以用来感知人体的健康。从而从更全面的角度充分揭示空气污染对人体健康的影响。基于微博数据的研究可以在空气污染带来潜在严重后果之前为政府提供有效的预警信号。如果健康感知系统发出的居民健康预警信号能够被城市健康管理与规划机构接收到，城市健康管理与规划将更加贴近居民生活，有利于城市健康管理的普及化、全面性、科学化发展。本研究也希望能为其他仍受空气污染困扰的国家提供参考，并计划进行更深入的研究，如长时间序列研究和归因分析。

本研究选择 2017 年的微博，利用 BERT 模型提取健康感知。已有研究利用 BERT 模型对热浪相关微博的选择精度在 95% 以上，而居民活动相关微博的选择精度已达到 94.12%[243]。与这些研究相比，本研究 86% 的准确率相对较低。这可能是因为在很多相同关键词的微博中，很难识别出与空气污染相关的健康影响相关的微博。例如，“今天等车的时候，附近有人吸烟，这让我咳嗽”和“我咳嗽，一定是因为今天的雾霾”，虽然上面两个微博的关键词是相同的“咳嗽”，但第一个与本研究无关。这种情况在地理位置特殊的拉萨很明显，这将会在以后的研究中进行详细讨论。相似的关键词增加了微博过滤的难度，从而导致本研究中 BERT 模型的精度降低。但 86% 的精度足以保证我们对健康感知进行后续研究。

8.4.2 广义相加模型的意义

本研究采用广义相加模型方法，将大气污染对基于微博数据的公共健康感知的影响量化。在模型中引入气象数据（日平均温度、日相对湿度和日平均风速）、时间趋势等混杂因素，以控制可能出现的非线性混杂效应。应用光滑样条函数，分别建立了6种大气污染物的单污染物模型。本研究的创新之处在于将每天的死亡或住院人数替换为来自微博数据的每日健康感知数据。通过显著性检验，所有模型的性能都相当稳健。广义相加模型在公共卫生领域得到广泛应用[50，244]。

值得注意的是，并非所有ER值都通过统计学检验[245–247]。这可以解释为，一些城市的空气污染确实较少，居民的健康与空气污染的相关性较小，如贵阳市（其$PM_{2.5}$年平均浓度为32 $\mu g/m^3$，ER为0.19%，P值为0.93）。另一个可能的原因是，微博数据是一种具有较强主观性的社交媒体数据，受到用户年龄、性别和身体状况差异的影响[104]，导致数据存在偏差，进而影响P值。总之，这种方法为公众健康与空气污染之间的联系提供了一个新的视角。

8.4.3 区域对空气污染的反应

根据综合地理条件，将中国划分为7个地理区域，这7个地理区域的居民对空气污染有不同的敏感性。图8–3为7个地理区域70个城市ER值的离散分布。除O_3外，其余5种污染物均在华南地区出现异常值。7个地区中，华南地区对污染物最敏感，其次是华东地区。空气污染物敏感性低的区域为华北和东北地区。华北地区$PM_{2.5}$的浓度很高，这可能是因为寒冷的北方冬天会烧更多的煤来取暖，重工业也会排放大量的颗粒物。受冬季供暖的影响，中国北方的SO_2浓度也很高[248]。然而，本研究发现，华北地区对$PM_{2.5}$和SO_2的敏感性较低。西北、华北、东北地区受沙尘影响较大，PM_{10}浓度较高[248]，但北方地区对PM_{10}的敏感性低于华南、华东等污染较少的南方地区。空气污染物年平均浓度的空间分布与居民对空气污染物的敏感性正好相反。这与本研究强调的中国居民对空气污染的适应性相吻合。在以后的研究中，我们将利用地理探测器[249]探索自然条件、经济因素及其相互作用等条件下居民对空气污染敏感的空间格局。

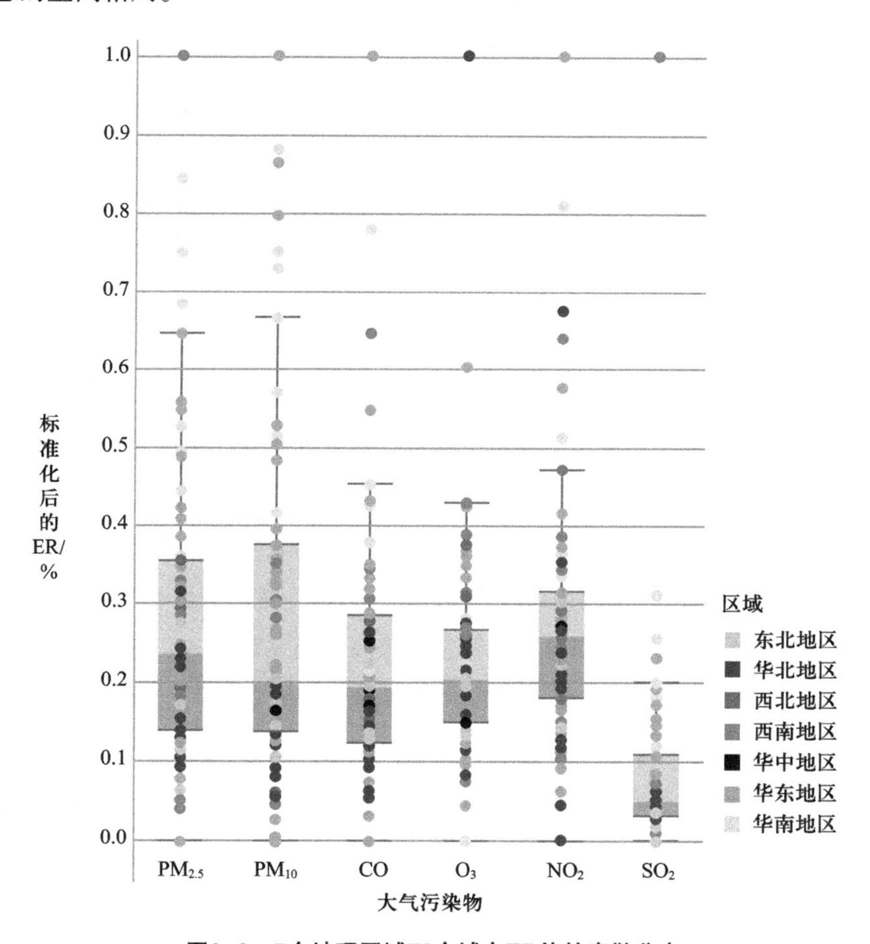

图8–3　7个地理区域70个城市ER值的离散分布

值得注意的是，拉萨位于西南地区，$PM_{2.5}$、CO和SO_2的离群值均出现在拉萨。拉萨之所以与众不同，可能有两方面原因。一方面，是拉萨独特的地理位置。拉萨位于青藏高原[250]，海拔3 650米。造成空气污染的行业很少，空气质量相当好。根据我们的研究发现，空气质量好的城市对空气污染较敏感，因此拉萨居民对空气污染较敏感。另一方面，也可能是使用关键词过滤微博条目造成的。拉萨海拔很高，氧气匮乏，来到这里的人可能会因为缺氧而出现胸闷、呼吸短促、呼吸困难、头晕和其他症状[251]。这些症状与空气污染对人体健康造成的影响非常相似。因此，当我们使用关键词对微博数据进行过滤时，可能会过滤出拉萨大量类似的微博数据。由于两类微博具有较高的相似性，在使用BERT模型进行分类时，由于准确性的限制，很难将它们区分开。不过拉萨的特殊情况并不影响通过筛选获得的微博数据在其他城市进行研究。

8.4.4 对空气污染的适应

通过ER与6种大气污染物日最大浓度的散点图可以得出研究区居民对大气污染的适应情况，如图8–4所示。在O_3散点图中，去除了廊坊和舟山的两个极值。两市的ER值分别为14.479%和8.109%，O_3日最大浓度分别为203.12 μg/m^{3}和162.96 μg/m^3。同样，拉萨和太原的SO_2极值也被移除了，其ER值分别为191.865%和1.403%，SO_2日最大浓度分别为7.86 μg/m^{3}和366.55 μg/m^3。这些极端值表明这些城市对空气污染具有较高的敏感性。此外，ER与6种空气污染物日最大浓度之间存在典型的幂函数关系，说明当城市空气质量优于某一阈值时，居民对空气污染的敏感性更强。例如，当拉萨市$PM_{2.5}$日最大浓度小于200 μg/m^{3}时，居民对$PM_{2.5}$的敏感性较高。当北京市SO_2日最大浓度小于60 μg/m^{3}时，居民对SO_2的敏感性较高。其原因可能是空气质量较差的城市居民在生活中对空气污染有了耐受性，对空气污染的敏感性逐渐下降。相反，空气质量好的城市居民对偶尔的空气污染非常敏感，因为他们总是生活在一个清新舒适的空气环境中。

此外，对空气污染的适应情况也可以如图8–5所示。根据世界卫生组织的空气质量指南和$PM_{2.5}$过渡目标，本研究将70个城市分为三类：$PM_{2.5}$年平均浓度在15~ 25 μg/m^{3}的良好城市、$PM_{2.5}$年平均浓度在25~ 35 μg/m^{3}的中等城市和$PM_{2.5}$年平均浓度大于35 μg/m^{3}的不良城市。可以看出，在空气质量较差的城市，ER值相对较低，其趋势与图8–4相同。其中，$PM_{2.5}$年平均浓度在15~25 μg/m^{3}的城市有3个，分别是舟山、海口和拉萨。舟山和海口是中国南方的海岛城市，具有空气清新、环境宜人的特点。拉萨是一个高海拔城市，空气质量很好。$PM_{2.5}$年平均浓度在25~35 μg/m^{3}的城市有12个，其中10个是南

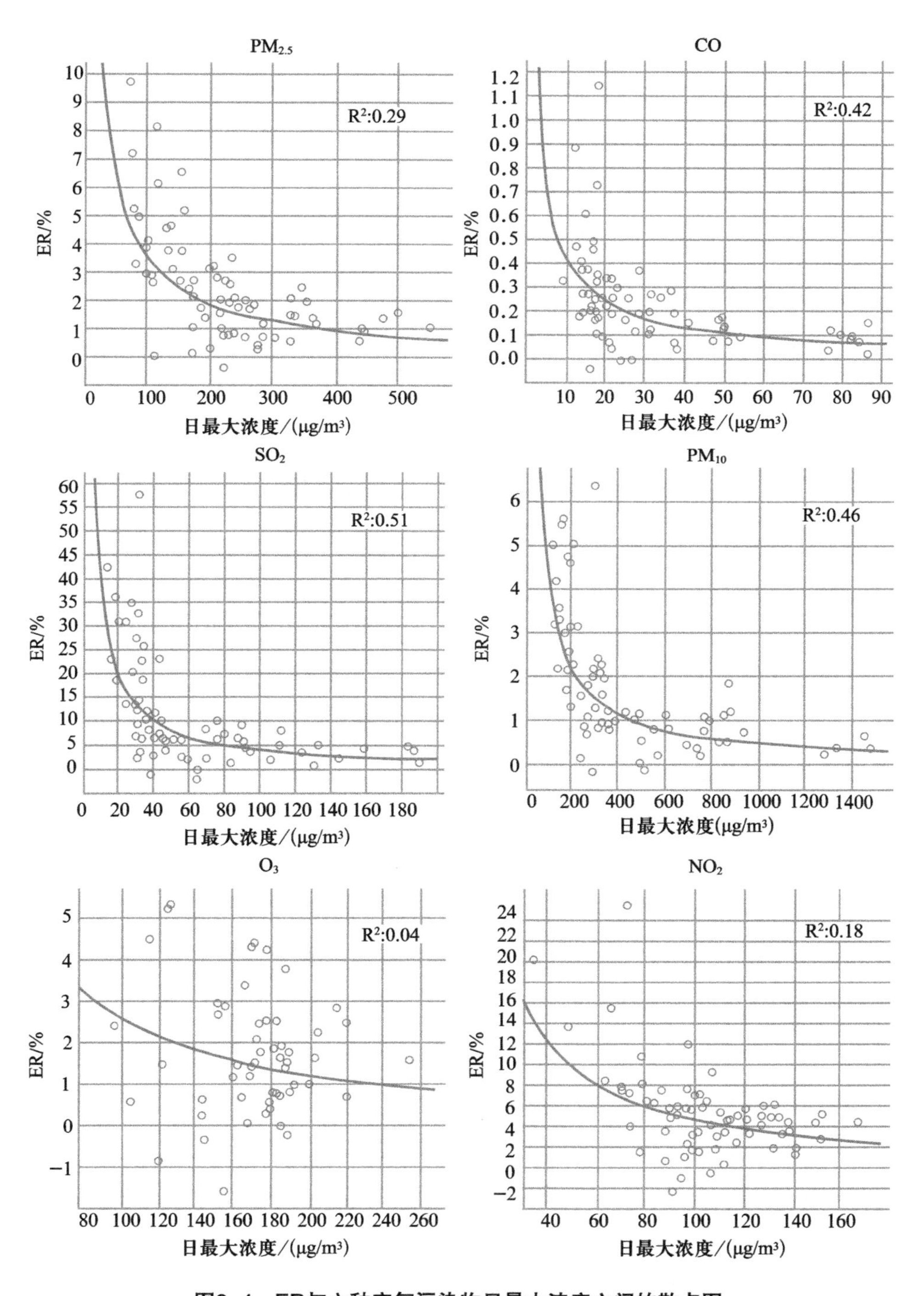

图8-4　ER与六种空气污染物日最大浓度之间的散点图

方城市。$PM_{2.5}$ 年平均浓度超过 35 μg/m³ 的城市有 55 个，北京、石家庄、太原等北方空气质量较差的城市属于这一组。通过对三组城市地理位置的分析，揭示了城市居民对空气污染敏感性的空间分布特征。那就是中国南方的居民比北方城市的居民对空气污染更敏感。

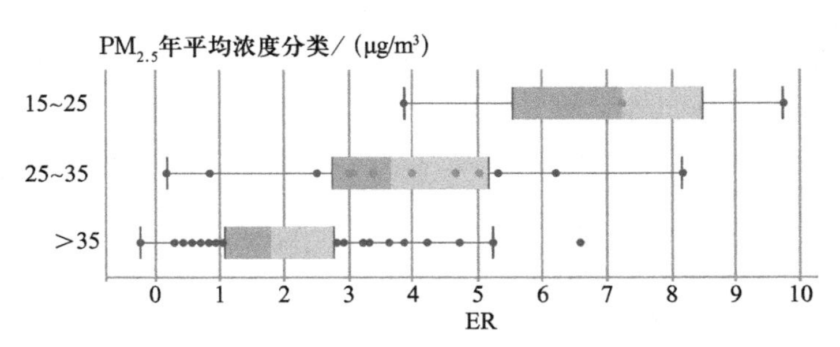

图8-5　$PM_{2.5}$的ER值在三组城市的离散分布

8.5　小结

本研究将微博数据与空气污染物数据、气象数据相结合，提出了一个理解空气污染健康效应的新视角，并应用于中国 70 个城市。利用微博数据，采用广义相加模型对空气污染与居民健康感知之间的关系进行量化。研究揭示了研究区空气污染敏感性的空间异质性，揭示了研究区居民对空气污染的适应性。

将微博数据应用于健康感知，可以实时监测城市居民的健康反应，从更全面的角度了解空气污染对健康的影响，而不是局限于健康影响金字塔的顶端。本研究还引入广义相加模型来量化空气污染与健康感知之间的关联。中国城市空气质量与居民敏感性之间存在典型的幂函数关系，即当城市空气质量优于某一阈值时，居民对空气污染的敏感性更高。城市居民对空气污染的敏感性表现出明显的空间异质性。由于地理特征和社会经济条件的不同，中国 7 个地理区域对空气污染表现出不同的敏感性。华南和华东地区对空气污染的敏感性较高，而西北和华北地区对空气污染的敏感性较低。

本研究从健康感知的角度为公共卫生监测提供了一个新的视角。重视健康感知，不仅可以使公共健康监测更贴近居民的生活和真实的健康结果，还可以在空气污染造成更严重影响之前制定相应的对策，减少人们的生命和财产损失。

第九章　北京市空气污染对健康影响的时空异质研究

空气污染给公众健康带来了严重的挑战。由于现有数据的局限性，以往的研究忽略了 $PM_{2.5}$ 对健康影响（$PM_{2.5}$-RH）的时空异质性以及分区范围内的多种相关因素。在这项研究中，我们采用了社交媒体微博数据来提取中国北京的 $PM_{2.5}$-RH，该数据是基于 BERT 模型提取的。然后，基于多源地理空间大数据，利用地理加权回归（GWR）模型对 $PM_{2.5}$-RH 和 8 个相关因素之间的关系进行了鉴定。这项研究进一步证明了使用社交媒体数据来反映空气污染对公众健康影响的可行性，并为相关因素对空气污染的健康影响的季节性影响提供了新的见解。

9.1　引言

空气污染是全球主要的公共卫生问题之一[15]，在全球疾病负担（GBD）中被列为全球死亡的第五大风险因素[252]。接触空气污染会导致中风、肺癌和精神障碍等疾病，在极端情况下甚至会导致死亡[216, 253, 254]。据统计 2020 年，中国有 997 955 人因 $PM_{2.5}$ 过早死亡[255]。2020 年，北京市关于空气污染的健康成本约为 6.505 84 亿元人民币，占总 GDP 的 0.17%[256]。因此，学者和政府决策者应持续关注与 $PM_{2.5}$ 相关的健康问题（$PM_{2.5}$-RH）。

由于生态经济活动和自然环境的差异，影响 $PM_{2.5}$-RH 的因素广泛且复杂[257]。有研究表明，高夜间灯光（NTL）、高全球疾病负担以及高人口密度会使当地空气质量恶化[51-53]。植被具有吸收和阻挡空气污染物的功能，通常对空气污染起到缓解作用[56-57]。建成环境如公园、绿道和城市形态对 $PM_{2.5}$-RH

的影响已经被广泛研究[258-262]，但其在强度和方向上存在区域差异。例如，建筑会对风造成阻碍和干扰，从而影响空气质量[263]。道路密度与 PM_{10} 呈负相关关系[264-265]。也有研究表明，公众对空气污染的主观看法可能与客观的空气质量不一致，而客观的空气质量可用空气质量指数来评估[266]。此外，空气质量的改善应考虑到季节性，因为各种因素在不同季节可能发挥不同的作用[267-268]。这些研究表明，$PM_{2.5}$-RH 受到多种因素的影响。然而，由于数据的限制，以前的研究大多集中在单一因素或大规模区域。目前结合多种因素并且关注细尺度的空间异质性方面的研究存在着研究空白。需要进一步的研究以明确 $PM_{2.5}$-RH 在城市内部尺度上多因素影响的时空异质性，这有利于为城市规划提供针对性的建议[269]。

9.2　数据和研究方法

9.2.1　研究区

北京是中国的政治中心，面积为 16 410.54 平方公里，其中平原地区占 38.6%，山区占 61.4%[279]。截至 2021 年底，北京的总人口为 21 886 000。随着经济的快速发展，空气污染已成为越来越严重的问题。据估计，2017 年北京的 $PM_{2.5}$ 年平均浓度（116 μg/m³）远远高于世界卫生组织推荐的标准（10 μg/m³）[280]。糟糕的空气质量对居民健康产生了严重影响。本研究重点关注了北京 328 个街道上 $PM_{2.5}$-RH 的空间变化。

9.2.2　基于微博数据的 $PM_{2.5}$-RH 提取

首先，根据微博文本内容，使用 BERT 模型[169]，提取那些与 $PM_{2.5}$ 及健康相关的微博条目（$PM_{2.5}$-RH）。为此，首先通过“雾霾”“咳嗽”“头痛”和“呼吸”等关键词过滤了所有的微博文本内容。然后，随机选择了 10 000 个样本。挑选人们在新浪微博平台上评论因空气污染而感到不适的微博，比如“雾霾让我的喉咙痛”“外面的重污染让我的肺痛”。标记的样本集被分为训练集（80%）和测试集（20%），并输入 BERT 模型进行训练和准确度验证。我们选择了一个具有高准确性的分类器，将所有的微博输入训练模型中进行分类。通过调整学习率和迭代次数，BERT 分类器的总体准确率超过 86%。最终，BERT 模型共提取了 21 372 条微博。

其次，计算每条街道的上述微博数量，以表明街道范围内与 $PM_{2.5}$ 相关的健康状况。微博站点通过微博数据中的经纬度进行地理编码。然后将其与街道叠加，进行区域统计。此外，根据《2017 年微博用户趋势报告》来看，微博用户群体的样本是有偏差的，所以采用人口比例（15~59 岁）来修正提取的 $PM_{2.5}$–RH。根据 SmartSteps 平台提供的手机信令数据，分别计算出各分区 15~59 岁人口的比例。然后，根据以下公式对提取的 $PM_{2.5}$–RH 进行修正。

$$y_i=x_i/r_i$$

其中，i 是北京的分区名称；y 代表最终的 $PM_{2.5}$–RH；x 表示有关 $PM_{2.5}$–RH 的微博数量；r 表示每条街道上 15~59 岁人口的比例。

最后，为了探索时间上的变化，本研究根据气象学将一年分为春季（3~5 月）、夏季（6~8 月）、秋季（9~11 月）和冬季（12~ 次年 2 月）。根据微博数据中的时间，将所有基于微博数据的 $PM_{2.5}$–RH 按季节归为四类。

9.2.3 基于多源数据提取的影响因素

如上所述，多种因素综合影响了 $PM_{2.5}$–RH 的变化。通过回顾以往的研究[51–57, 258–266]，本研究选择了 8 个相关影响因素来探讨决定性因素的时空异质性，包括路网密度、土地利用混合度、归一化建筑指数（NDBI）、空气质量指数、温度、归一化植被指数（NDVI）、夜间灯光和人口密度（PD）。所有的原始数据都经过标准化处理，并与北京的街道叠加，得到各街道在不同季节的变量值。本研究中使用的数据的详细信息总结在表 9–1 中。具体解释如下。

归一化建筑指数、归一化植被指数、温度和夜间灯光从卫星遥感数据中获得，而卫星遥感数据是通过谷歌地球引擎（GEE）提取的。谷歌地球引擎是一个由谷歌云计算提供的平台，提供全球规模的地理空间信息数据处理服务[283]。它的优势是允许对大量的数据资源进行快速和平行处理，且不受时间和地理限制。我们通过从谷歌地球引擎中提取的 MODIS 数据和 VIIRS_DNB 数据的三个产品来计算不同的因子。夜间灯光数据由地球观测组提供，其空间分辨率为 500 米。其他三个 MODIS 产品由美国地球资源观测与科学中心（EROS）的美国国家航空航天局陆地过程分布式主动存档中心（LP DAAC）提供。具体来说，归一化植被指数数据是从 MOD13Q1 产品中获取的，其空间分辨率为 250 米，时间分辨率为 16 天。归一化建筑指数数据是根据 MOD09A1 产品计算的，空间分辨率为 500 米，时间分辨率为 8 天。该产品包含 MODIS 传感器获取的匹配波段 1~7 数据，使用波段 2（0.841 μm 至 0.876 μm）和波段 6（1.628 μm 至 1.652 μm）的反射率值来计算归一化建筑指数。每日陆地表面温度产品（MYD11A1）的空间分辨率为 1 公里。在使用 ArcGIS 10.6 对所有遥感数据进行预处理后，对所有变量进行季节性平均并与每个街道变量的行政边界重叠。最后，得到每个街道的四个相关因子（温度、归一化植被指数、归一化建筑指数和夜间灯光）的季度值。

表9-1　本研究中使用的数据

数据		空间分辨率	时间分辨率	用途
微博数据		矢量	2017 年（每天）	提取 $PM_{2.5}$–RH
遥感数据	MOD13Q1	250 m	2017 年（16 日）	提取归一化植被指数
	MOD09A1	500 m	2017 年（8 日）	提取归一化建筑指数
	MYD11A1	1 000 m	2017 年（每日）	提取温度
	VIIRS/NPP	500 m	2017 年（每月）	提取夜间灯光
开放街道地图		矢量	2017 年（每年）	计算路网密度
兴趣点		矢量	2017 年（每年）	计算土地利用混合度
世界人口数据集		1 000 m	2017 年（每年）	计算人口密度
空气质量检测数据		矢量	2017 年（每时）	提取空气质量指数
其他基础地理数据		矢量	2017 年	绘制计算边界

已有研究表明，信息点（POI）能够准确反映当前土地利用的细粒度特征[284]。基于高德地图的开放应用程序编程接口共抓取 2017 年北京的 1 369 572

条信息点数据。这些数据包括23个类别，包括：餐饮服务、风景名胜、公共设施、商业住房和购物服务等。在本研究中，选择生物多样性指数[285]来衡量北京土地的混合分布情况[286]，计算公式如下：

$$D = 1 / \left(\sum_{i=1}^{n} P_i^2 \right)$$

其中，D代表多样性，n代表信息点物种的数量，P表示相对多样性，可以是面积比或数量比等。

空气质量指数将6种污染物（PM_{10}、$PM_{2.5}$、SO_2、NO_2、CO、O_3）汇总描述空气污染程度[287]。这些数据来自监测和分析空气质量的在线平台。由于空气质量监测站的分布比较分散，研究地区的空气质量指数是不连续的。因此，按照地理空间数据云平台上计算空气污染指数的方法，我们选择克里格插值方法来产生连续数据[288]。计算了12个空气污染物监测站的季度空气质量指数后，通过普通克里格插值法模拟北京地区空气质量指数的空间分布情况。最后，得到各街道的季度空气质量指数。

路网数据来自开放街道地图（Open Street Map），并进行了相应的数据清洗和删减。路网密度的计算方法是通过路网数据和北京街道的叠加，计算出道路长度与分区面积之比。北京市2017年的人口密度数据来自世界人口大数据集。每个网格（约1公里）代表该地区的人口总数（单位：人/平方公里）。

9.2.4　地理加权回归模型

在这项研究中，使用地理加权回归模型量化$PM_{2.5}$–RH和相关因素之间的空间非平稳关系。地理加权回归模型是由福瑟林汉姆（Fotheringham）等人提出的，他通过增加区域参数扩展了传统的回归模型（如OLS）[289]。他得到的是局部参数而不是全局参数，前者是位置的函数，因此随空间的变化而变化。地理加权回归模型可以表示为：

$$y_i = \beta_0(\mu_i, v_i) + \sum_{k=1}^{p} \beta_k(\mu_i, v_i) x_{ik} + \varepsilon_i$$

其中，（μ_i，v_i）表示第i点的坐标位置，k表示自变量的数量。y_i，x_{ik}，ε_i分别表示因变量、自变量和位置i的随机误差项。β_k（μ_i，v_i）是位置i的截距，

$\beta_k(\mu_i, v_i)$ 是 x_k 在位置 i 的斜率系数。参数来自：

$$\beta_k(\mu_i, v_i) = (\boldsymbol{X}^{\mathrm{T}}\boldsymbol{W}(\mu_i, v_i)\boldsymbol{X})^{-1}\boldsymbol{X}^{\mathrm{T}}\boldsymbol{W}(\mu_i, v_i)\boldsymbol{Y}$$

其中，$\beta(\mu_i, v_i)$ 代表回归系数的无偏估计值。$\boldsymbol{W}(\mu_i, v_i)$ 是加权矩阵，其作用是确保靠近特定点的观察有更大的权重值，$\boldsymbol{X}$ 和 $\boldsymbol{Y}$ 是自变量和因变量的矩阵，T 表示转置。加权函数，称为核函数，可以用前指数距离衰减来表示：

$$\omega_{ij} = \exp\left(-\frac{d_{ij}^2}{b^2}\right)$$

其中，ω_{ij} 代表观测点 j 对位置 i 的权重，d_{ij} 表示点 i 和 j 之间的欧氏距离，b 是内核带宽。如果观测点 j 与 i 重合，则权重值为 1。如果距离大于内核带宽，则权重被设置为零。

建立地理加权回归模型时，采用协方差法来检验变量之间的共线性关系。用 F 检验来确定变量与 $PM_{2.5}$–RH 的关系中是否存在空间非平稳性。校正 R^2（Adjust–R^2）被用来表示模型的拟合度。此外，还使用了 t 检验来判断局部回归系数的显著性。图 9–1 为本研究的框架。

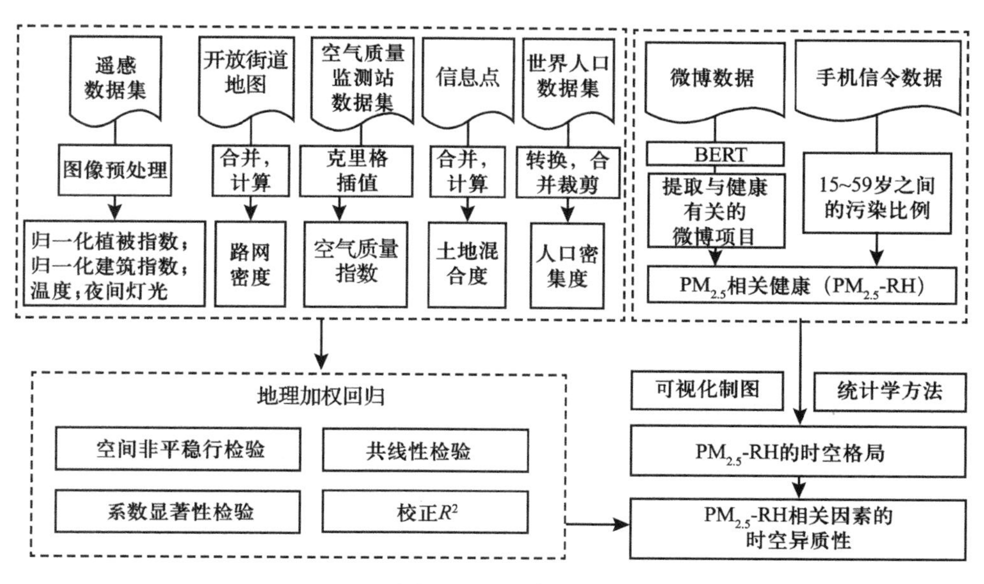

图9–1　研究框架

9.3 结果和讨论

9.3.1 $PM_{2.5}$–RH 的时空变化及讨论

图 9–2 显示了北京地区观察到的空气质量指数和基于 BERT 模型提取的 $PM_{2.5}$–RH 的微博数量的对比。该研究时间从 2017 年 1 月 1 日到 12 月 31 日，划分为四个季节。空气质量指数和 $PM_{2.5}$–RH 共享 Y 轴。对每个季节和每年的 $PM_{2.5}$–RH 和空气质量指数之间的皮尔逊相关系数（PCC）进行分析。皮尔逊相关系数被用来探索观察到的空气质量指数和我们提取的 $PM_{2.5}$–RH 之间的关系，并进一步证实了本研究提取 $PM_{2.5}$–RH 的合理性。可以看出，年度空气质量指数和 $PM_{2.5}$–RH 之间的相关系数为 0.274，在 0.01 水平上显著。根据四季的相关系数，$PM_{2.5}$–RH 和空气质量指数在春季和冬季显著正相关，夏季和秋季的相关系数较小。相关系数最高的是春季，皮尔逊相关系数为 0.418。总的来说，基于微博数据使用 BERT 模型提取的 $PM_{2.5}$–RH 可以用来表示与 $PM_{2.5}$ 相关的健康状况。

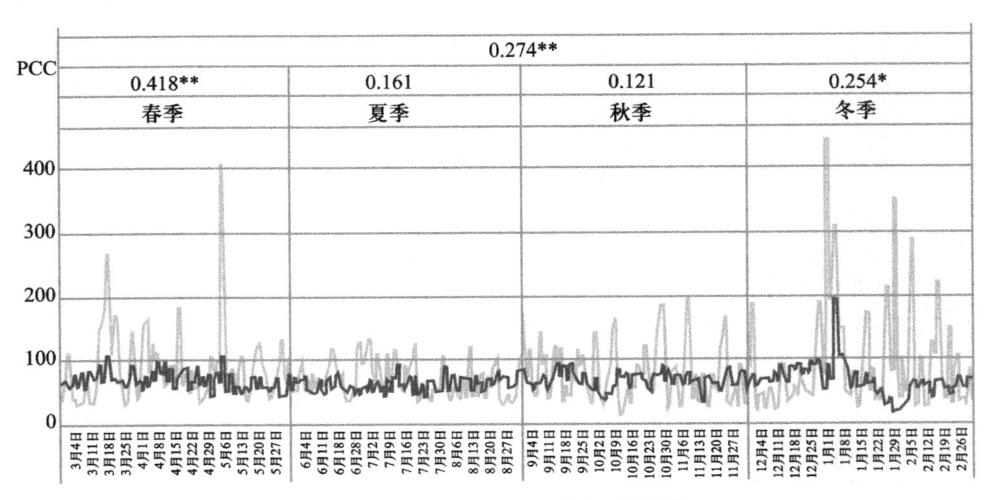

注：**：在0.01水平上显著，*：在0.05水平上显著。

图9–2 2017年1月1日至12月31日，有关$PM_{2.5}$–RH的微博数量和北京地区的观测空气质量指数

表 9–2 显示了 $PM_{2.5}$–RH 在四个季节和每年的空间变化。可以看出，在不同的季节和街道，北京关于 $PM_{2.5}$–RH 的微博数量有很大的差异。春季、夏季、秋季和冬季的 PM2.5–RH 的全局莫兰指数（Moran's I）分别为 0.52、0.58、0.48 和 0.50（$P<0.001$），全年为 0.54（$P<0.001$），这表明 $PM_{2.5}$–RH 的空间分布存在明显的空间自相关性。也就是说，存在明显的空间集聚特征。城中地区 $PM_{2.5}$–RH 比郊区的更严重。本研究用平均值作为测量指标，选择那些有更多 $PM_{2.5}$–RH 的街道。以年度结果为例，35% 的街道关于 $PM_{2.5}$–RH 的微博数量超过 72 条（研究区域的平均值），其中 $PM_{2.5}$–RH 的微博数量大于 100 的街道占所有街道的 26.9%。它们主要分布在六环路以内，特别是海淀区的学院路，$PM_{2.5}$–RH 的微博数量高达 470。$PM_{2.5}$–RH 的微博数量小于 5 的街道主要位于北京的远郊区，如怀柔区、平谷区、密云区、延庆区以及房山区。结果显示，北京各区之间的 $PM_{2.5}$–RH 存在明显的空间差异。

表 9–2 可以比较 $PM_{2.5}$–RH 的季节性变化。总的来说，有关 $PM_{2.5}$–RH 的微博数量在夏季减少。春秋季 $PM_{2.5}$–RH 的空间分布较相似。具体来说，春、夏、秋三季最高的 $PM_{2.5}$–RH 都出现在学院路，其中春季的最高，为 145，夏季的最低，为 93。在六环路内，南区的 $PM_{2.5}$–RH 在冬季有所上升，而北区在春秋两季则较高。冬季最高的 $PM_{2.5}$–RH 为 115，出现在东华门路。在冬季，远郊区（如怀柔）和近郊区（如门头沟）街道的 $PM_{2.5}$–RH 较低。

表9–2　各个区县 $PM_{2.5}$–RH的时间变化

区县	春季 $PM_{2.5}$–RH	夏季 $PM_{2.5}$–RH	秋季 $PM_{2.5}$–RH	冬季 $PM_{2.5}$–RH	全年 $PM_{2.5}$–RH
昌平区	479.61	417.33	471.87	405.20	1 774.00
朝阳区	1 643.05	1 595.75	1 590.83	1 595.30	6 424.93
大兴区	301.18	270.84	297.68	330.97	1 200.67
东城区	411.85	396.83	354.77	394.58	1 558.03
房山区	143.42	128.43	157.36	157.33	586.53
丰台区	529.48	479.63	496.95	495.54	2 001.60
海淀区	1 335.02	1 043.53	1 271.53	1 172.50	4 822.58
怀柔区	87.31	55.74	67.28	54.21	264.53

续表

区县	春季 $PM_{2.5}$–RH	夏季 $PM_{2.5}$–RH	秋季 $PM_{2.5}$–RH	冬季 $PM_{2.5}$–RH	全年 $PM_{2.5}$–RH
门头沟区	43.44	44.51	47.91	35.58	171.43
密云区	43.80	41.84	72.06	75.54	233.25
平谷区	30.07	22.26	21.26	42.62	116.21
石景山区	114.68	105.84	104.77	123.65	448.94
顺义区	220.36	208.50	245.15	239.62	913.64
通州区	306.32	278.83	330.16	345.51	1 260.82
西城区	453.74	401.76	371.73	377.20	1 604.43
延庆区	38.36	36.18	40.80	27.70	143.04

随着越来越多的人公开发帖，表达他们对空气污染的感受和态度，社交媒体数据可以成为支持环境空气污染监测的宝贵资源[290]。其文本内容可以用来提取与公共健康相关的信息，其位置信息可以为提取城市范围内的数据提供支持。它们还具有时效性和广泛性。尽管已经有很多研究者尝试基于微博数据提取公共卫生信息[108，109，224，279]，但他们大多忽略了社交媒体数据存在抽样偏差[291]。在本项研究中，我们试图通过街道中年轻人口的比例来纠正偏差，然后在街道范围内探索 $PM_{2.5}$–RH 的时空变化。

$PM_{2.5}$–RH 呈现出明显的向市中心聚集的空间模式。高值主要分布在六环以内的街道。北京城区的人口更加密集，78% 的人口位于六环路以内。这表明城市居民对空气污染更敏感，受到的不利影响更大[292]。人口的集中分布导致更多的人在城市地区发布微博。此外，$PM_{2.5}$–RH 呈现出不同的季节性变化模式。在春季，$PM_{2.5}$–RH 的分布与实际空气质量指数更相关，而冬季 $PM_{2.5}$–RH 的波动范围更大。夏季 $PM_{2.5}$–RH 的总体波动要小得多，大多数分区的 $PM_{2.5}$–RH 的季节性最低值都出现在夏季。这表明居民在夏季对空气污染不太敏感，特别是在中心城区。夏季空气流动性更强，污染物更难收集[293]，所以关于 $PM_{2.5}$–RH 的微博总数较少。在以前的研究中，由于燃煤的原因，空气质量在冬季趋于严重[48]。本研究结果显示，冬季的 $PM_{2.5}$–RH 总量比春季少。这可能是由于中国北方经常发生沙尘暴，而沙尘暴大多发生在春季，此时颗粒物（PM）经常达到峰值水平[267]。此外，实际的空气污染物浓度与居民对空气污染的感知之间存在差异。根据《2017年北京市环境状况公报》，北京在3月至4月经历了持续的重度污染。特别是在4月下旬，空气污染警报级别一直在升级。持续的空气污染暴露增加了居民在新浪微博平台上对空气污染的负面反应。

9.3.2　模型结果

在这项研究中，我们采用了地理加权模型软件平台中的地理加权回归模型来探讨相关因素与$PM_{2.5}$–RH之间的关系。我们用因变量（$PM_{2.5}$–RH）和8个自变量分别对四季和年度构建了五个模型，8个自变量为路网密度、土地利用混合度、归一化建筑指数、空气质量指数、温度、归一化植被指数、夜间灯光和人口密度。

为了消除构建模型时不同量纲的影响，我们对所有的变量都进行标准化处理。此外，使用SPSS 19.0软件完成了8个自变量的共线性关系检验。8个自变量的方差扩大因子（VIF）在四个季节和全年都小于10，表明变量之间不存在共线性关系。并用信息准则（AIC）方法确定最佳带宽，将空间权重构建为高斯函数。结果显示，五个模型都在0.01的显著性水平上通过了F检验，这表明模型整体上是空间非平稳的。五个模型的（校正R^2）都超过了0.5（见表9–3），整体拟合效果良好。

表9–3　地理加权回归模型的拟合测试和性能

	春季	夏季	秋季	冬季	全年
带宽	40	26	28	40	28
AICc	2 778	2 628	2 748	2 695	3 588
R^2	0.57	0.66	0.60	0.61	0.64
校正R^2	0.51	0.59	0.53	0.55	0.57
F	30.42 **	39.72 **	29.14 **	33.76 **	36.14 **

注：**：在0.01水平上显著（即存在空间非平稳性）。

9.3.3 影响因素的时空异质性

本研究计算了每个因子的回归系数的最小值、最大值、中位数、平均值和标准差这五个统计值，并在表 9-4 中进行了总结。可以看出，8 个相关因素的回归系数差别很大，这直观地揭示了它们在不同的季节对 $PM_{2.5}$-RH 有不同的影响。例如，春季温度对全局 $PM_{2.5}$-RH 有正向影响（平均值为 2.53），而归一化植被指数则表现为整体抑制作用（平均值为 –7.27），且影响相对较大。具体来说，土地利用混合度、夜间灯光、人口密度和路网密度这四个相关因素在研究区表现出正效应，而其他因素则表现出不同的季节性差异。

表9–4　地理加权回归模型中回归系数的描述性统计

	季节	温度	归一化植被指数	路网密度	夜间灯光	归一化建筑指数	土地利用混合度	空气质量指数	人口密度
均值	春	2.53	–7.27	1.57	6.29	–9.36	2.36	–0.54	8.47
	夏	3.88	–13.72	1.82	8.88	–11.66	1.74	1.86	5.86
	秋	1.93	–5.00	4.32	5.76	–5.83	2.82	0.49	9.04
	冬	–0.20	0.59	2.38	11.93	–1.56	2.39	–3.17	6.72
	年	7.86	–20.95	8.09	34.01	–18.65	9.36	–12.69	29.12
中值	春	2.16	–5.38	2.71	6.82	–8.29	2.37	–0.76	8.01
	夏	3.24	–11.91	2.49	9.52	–9.94	1.71	0.46	5.72
	秋	1.16	–3.66	4.93	7.45	–5.52	2.46	0.04	8.55
	冬	–0.55	0.56	2.75	11.37	–1.27	2.31	–3.53	6.83
	年	4.93	–10.94	11.93	35.49	–15.33	8.54	–13.07	29.14
最小值	春	–0.04	–23.46	–4.75	–2.39	–20.51	0.22	–5.09	2.77
	夏	–0.42	–36.49	–4.86	0.80	–32.69	–3.30	–2.85	0.92
	秋	–3.34	–21.65	–2.97	–6.62	–16.51	–0.10	–4.46	1.44
	冬	–2.04	–4.97	–4.08	8.43	–8.24	–0.99	–11.20	2.69
	年	–4.60	–94.70	–24.72	–4.21	–52.48	–3.86	–48.42	6.12
最大值	春	8.08	2.36	5.54	11.76	–2.41	5.03	5.59	14.53
	夏	9.98	–0.30	8.50	13.90	–2.06	5.03	10.96	11.90
	秋	8.87	3.45	10.68	11.83	–0.21	6.14	9.80	20.08
	冬	3.59	4.64	7.74	19.27	5.80	4.88	4.86	11.34

续表

	季节	温度	归一化植被指数	路网密度	夜间灯光	归一化建筑指数	土地利用混合度	空气质量指数	人口密度
	年	33.72	15.46	31.77	59.77	–3.71	23.70	14.79	54.41
标准差	春	2.10	7.05	2.99	3.13	4.96	1.32	2.81	3.60
	夏	2.73	9.83	3.48	2.96	6.83	1.56	3.65	2.89
	秋	2.83	6.56	3.29	4.42	4.16	1.48	3.04	4.64
	冬	1.15	2.09	3.12	2.50	2.56	1.22	4.33	2.01
	年	9.63	28.15	14.27	13.62	11.41	6.31	14.90	12.51

每个街道的回归系数如表 9–5 所示。由于篇幅限制，本研究选择了每个季节影响系数较大的前三个因素来显示其影响的差异。例如，归一化植被指数对 $PM_{2.5}$–RH 的抑制作用在夏季明显增加，特别是在中心城区。在冬季，空气质量指数对 $PM_{2.5}$–RH 的影响增加。在所有四个季节中，夜间灯光、人口密度和归一化植被指数对 $PM_{2.5}$–RH 的影响更大，但在空间上存在差异。下面将分别分析每个因素对 $PM_{2.5}$–RH 的时空异质性。影响 $PM_{2.5}$–RH 的两个重要因素是人口密度和夜间灯光，其回归系数的 *t* 检验都超过了 70%。空间模式呈现南高北低，中心城区大于郊区的特点。从季节上看，人口密度影响的峰值区域逐渐从城市地区向南移动。此外，人口密度对 $PM_{2.5}$–RH 的影响也有季节性差异，秋季较强，夏季稍弱。在春季和夏季房山区和大兴区的夜间灯光对 $PM_{2.5}$–RH 的影响较强，但在秋季和冬季，朝阳区的夜间灯光对 $PM_{2.5}$–RH 的影响有所增加。在靠近城区的街道，归一化植被指数对 $PM_{2.5}$–RH 有明显的负影响，而越靠近北京郊区则越有正的趋势。其中，显著的负相关趋势主要存在于朝阳区和海淀区。从时间上看，归一化植被指数对 $PM_{2.5}$–RH 的抑制作用在夏季更为明显。归一化建筑指数对 $PM_{2.5}$–RH 的负相关效应与归一化植被指数的空间模式相似。从季节上看，特别是在春季，北京中部和西南部对 $PM_{2.5}$–RH 有明显的抑制作用。在北京，空气质量指数对 $PM_{2.5}$–RH 的时空影响有正负之分。其中，正相关的趋势主要存在于北京北部如密云、怀柔和延庆区。然而，在西南部的昌平、门头沟和房山地区，空气质量指数与 $PM_{2.5}$–RH 的变化存在明显的负相

关趋势。在中部地区，春季和冬季的相关性为负，但夏季和秋季则相反。在北京大部分地区，温度越高，$PM_{2.5}$–RH 就越严重。在北京西北部，路网密度明显促进了 $PM_{2.5}$–RH。在北京南部地区，特别是在大兴区，土地利用混合度对 $PM_{2.5}$–RH 有明显的促进作用，但其对北部地区的影响较弱。

表9–5　各区年及四季$PM_{2.5}$–RH影响因素的回归系数

区县	全年			春季			夏季			秋季			冬季		
	NTL	PD	NDVI	NDBI	PD	NDVI	NDVI	NDBI	NTL	PD	NDBI	NTL	NTL	PD	AQI
昌平	27.1	24.7	–23.9	–10.1	7.7	–7.6	–15.2	–12.4	7.0	7.9	–5.2	4.4	10.0	6.2	–2.5
朝阳	37.6	41.0	–53.3	–16.0	12.5	–15.8	–28.6	–23.3	9.4	12.7	–11.4	6.1	14.4	7.4	–6.0
大兴	48.7	36.2	–22.0	–8.3	9.7	–7.1	–11.5	–6.3	12.2	10.9	–5.7	10.0	14.1	9.0	–4.4
东城	33.6	42.0	–26.6	–15.0	13.2	–13.4	–19.9	–18.9	7.5	15.7	–9.2	2.1	15.8	6.9	–10.0
房山	48.5	22.6	0.0	–4.2	6.3	–0.9	–1.9	–2.9	12.8	6.1	–1.4	9.5	13.0	6.5	–3.2
丰台	41.4	41.6	–23.8	–11.0	11.6	–11.2	–14.4	–6.5	9.6	13.4	–7.9	6.6	14.5	9.2	–7.6
海淀	8.4	35.9	–60.5	–13.9	10.8	–15.5	–23.6	–12.2	3.0	12.3	–8.8	–2.3	9.9	8.3	–6.4
怀柔	35.0	14.1	7.6	–4.8	4.0	0.0	–6.9	–11.3	9.6	3.8	–2.1	7.6	9.5	4.0	2.1
门头沟	37.7	20.6	–3.3	–6.0	6.2	–2.5	–4.8	–5.1	9.5	6.1	–1.4	6.3	12.2	6.2	–3.1
密云	33.3	9.3	5.5	–3.4	3.2	0.9	–4.0	–8.9	9.6	2.3	–0.9	7.6	9.0	3.2	3.3
平谷	38.7	13.8	6.0	–3.7	4.1	0.9	–3.9	–8.7	10.7	3.3	–2.6	9.0	10.0	4.3	3.0
石景山	23.6	31.1	–29.9	–9.2	8.7	–7.7	–13.0	–6.9	5.7	9.2	–4.2	1.7	11.7	8.7	–5.3
顺义	34.9	21.5	–2.1	–6.5	6.1	–1.7	–11.2	–14.0	9.2	5.8	–5.4	7.6	10.0	5.6	1.6
通州	38.2	36.0	–25.4	–9.4	9.1	–7.0	–16.7	–13.5	9.8	9.8	–6.7	8.4	11.9	8.3	–0.5
西城	14.1	50.4	–40.0	–15.4	14.0	–16.0	–18.9	–13.1	4.3	18.0	–10.7	–2.0	12.0	9.1	–10.2
延庆	36.8	15.3	4.0	–5.4	4.3	–1.4	–5.4	–8.3	10.3	4.4	–2.2	7.5	10.8	4.4	0.5

注：NTL：夜间灯光；PD：人口密度；NDVI：归一化植被指数；NDBI：归一化建筑指数；AQI：空气质量指数。

基于地理加权回归模型，我们可以比较各种因素在不同街道和不同季节中的影响。在本研究中，8 个相关因素对 $PM_{2.5}$–RH 的影响在街道范围内有空间上的差异，在季节上也有异质性。

那些人口稠密、夜间灯光高的街道受空气污染的影响较大。这与区域经济发展密切相关。这一发现与以前的观察一致，即由于人类活动，较高的人口密度会使当地空气质量恶化[53, 294]。在本研究中，夜间灯光有很高的 t 检验通过率，表明其影响不容忽视。然而，在大多数中心城区，夜间灯光并不显著，这意味着 $PM_{2.5}$-RH 和经济发展之间的关系相当复杂。未来值得进行更深入的研究。但我们仍然可以得出结论：在夜间灯光较高的分区，$PM_{2.5}$-RH 较高。我们的研究结果显示，高归一化建筑指数的街道的 $PM_{2.5}$-RH 较低。建筑密度往往对空气质量有不利影响，因为无风区不利于污染物的扩散[295]。然而，在大多数城市，建筑密度和建筑高度对空气污染的影响相对有限且不一致[261]。有资料显示，建筑密度与 $PM_{2.5}$-RH 呈负相关[262]。这可能是由于在现实的三维城市环境中，污染物的扩散和通风具有复杂的机制。

归一化植被指数与 $PM_{2.5}$-RH 的关系具有明显的时间异质性，在夏季归一化植被指数的影响更大。这种影响在六环路内更为明显。由于植被具有缓解空气污染的潜力[56, 57]，较高的植被覆盖率可以减少居民对空气污染的不适感。在中心城区，绿色空间对改善公众健康有更明显的积极影响[296]。在森林茂密的西部地区，由于人口密度低，归一化植被指数对 $PM_{2.5}$-RH 的影响相对较小。值得注意的是，空气质量指数的影响在冬季明显增加，而归一化植被指数的影响与其他季节相比明显减少。除了冬季植被减少外，供暖导致大量燃煤，空气质量指数的影响上升。与季节性平均值相比，供暖导致空气质量指数上升了 1.4 倍[297]。有趣的是，空气质量指数的影响存在明显的空间异质性，在北京的东北部有正向的影响，而在南部则有相反的影响。这可能是因为空气污染的空间分布呈现出南高北低的特点[298]。

此外，温度、路网密度和土地利用混合度的影响相对较小。在北京的大多数街道，温度越高，$PM_{2.5}$-RH 就越严重。这与之前的研究结果一致，即温度与 $PM_{2.5}$-RH 呈正相关。在社交媒体平台上，较高的温度也导致了居民作出了更多的负面健康评价。在不同的季节，土地利用混合度显示出对 $PM_{2.5}$-RH 的整体贡献。高比例的混合土地使用也可能表明餐厅、商店和制造设施的密度相对较高，可能成为当地的污染热点[262]。

9.4 小结

基于社交媒体微博数据，本研究绘制了北京 $PM_{2.5}$–RH 的时空变化分布。然后采用地理加权回归模型来探讨北京地区相关因素与 $PM_{2.5}$–RH 之间的关系。这项研究进一步证明了使用社交媒体数据研究 $PM_{2.5}$–RH 的可行性。此外，这项研究为相关决定性因素对 $PM_{2.5}$–RH 的季节性影响提供了重要见解。重要的是，本研究中讨论的 8 个相关因素在空间非稳态效应方面显示出季节性变化。

具体来说，北京的 $PM_{2.5}$–RH 有明显的时空变化。$PM_{2.5}$–RH 呈现出六环内大于郊区的空间模式。不同街道的 $PM_{2.5}$–RH 也存在季节性差异。在相关决定因素方面，各因素对 $PM_{2.5}$–RH 的影响存在明显的时空异质性。道路网、夜间灯光、土地利用混合度和人口密度等因素普遍显示出积极影响。在大多数街道，归一化建筑指数和 $PM_{2.5}$–RH 之间呈现负相关关系。其余的因素（归一化植被指数、温度、空气质量指数）在不同的季节有差异。在夏季和春季，归一化植被指数对 $PM_{2.5}$–RH 的影响更强，有更明显的负相关关系，尤其是在中心城区的街道。人口密度和夜间灯光与 $PM_{2.5}$–RH 有明显的负相关关系。在经济活动频繁的高密度大城市，空气污染总是对公众健康产生较高的不利影响。与其他季节相比，冬季空气质量指数对 $PM_{2.5}$–RH 的影响明显增加。但居民在空气污染方面的不适感并不总是与空气质量相对应。这可能是一个需要在未来进一步研究的问题。

尽管本研究定量地阐明了多种因素对 $PM_{2.5}$–RH 的影响机制，但由于环境的复杂性和数据来源的有限性，仍然存在一些局限性。研究人员除了整合其他驱动因素进行综合分析，还应根据不同街道的影响机制提出不同的调控策略。

参考文献

［1］裴韬，刘亚溪，郭思慧，等．地理大数据挖掘的本质［J］．地理学报，2019，74（3）：586-598.

［2］GINSBER J，MOHEBBI M H，PATEL R S，et al. Detecting influenza epidemics using search engine query data［J］. Nature，2009，457（7232）：1012-1014.

［3］SILVER D，HUANG A，MADDISON C J，et al. Mastering the game of Go with deep neural networks and tree search［J］. Nature，2016，529（7587）：484-489.

［4］张引，陈敏，廖小飞．大数据应用的现状与展望［J］．计算机研究与发展，2013（S2）：216-233.

［5］李安安．遥感大数据自动分析与数据挖掘［J］．信息系统工程，2017（6）：114-115.

［6］KITCHIN R. Big data and human geography：Opportunities，challenges and risks［J］. Dialogues in human geography，2013，3（3）：262-267.

［7］MILLER H J，GOODCHILD M F. Data-driven geography［J］. GeoJournal，2015，80：449-461.

［8］刘瑜．社会感知视角下的若干人文地理学基本问题再思考［J］．地理学报，2016，71（4）：564-575.

［9］阳义南，贾洪波．国民社会健康测度及其影响因素研究：基于MIMIC结构方程模型的经验证据［J］．中国卫生政策研究，2018，11（1）：28-36.

［10］陈连生，孙宏．我国环境与健康研究的现状及发展趋势［J］．环境与健康杂志，2010（5）：454-456.

［11］VOHRA K，MARAIS E A，BLOSS W J，et al. Rapid rise in premature mortality due to anthropogenic air pollution in fast-growing tropical cities from 2005 to 2018［J］. Science advances，2022，8（14）：abm4435.

［12］周培疆．现代环境科学概论［M］．北京：科学出版社，2010：1-356.

［13］World Health Organization. WHO global air quality guidelines：particulate matter（$PM_{2.5}$ and PM_{10}），ozone，nitrogen dioxide，sulfur dioxide and carbon monoxide［M］. World Health Organization，2021.

［14］CHAU T T，WANG K Y. An association between air pollution and daily most frequently visits of eighteen outpatient diseases in an industrial city［J］. Scientific reports，2020，10（1）：2321.

［15］LELIEVELD J，EVANS J S，FNAIS M，et al. The contribution of outdoor air pollution sources to premature mortality on a global scale [J] . Nature, 2015, 525 (7569): 367-371.

[16] 叶延琼，汪晶，章家恩. 广东省大气环境质量的时空分布特征 [J]. 生态环境学报，2019，28（7）：1404.

[17] LIU Y, TONG D, CHENG J, et al. Role of climate goals and clean-air policies on reducing future air pollution deaths in China: a modelling study [J] . The Lancet Planetary Health, 2022, 6 (2): e92-e99.

[18] COSTELLO A, ABBAS M, ALLEN A, et al. Managing the health effects of climate change: lancet and University College London Institute for Global Health Commission [J]. The lancet, 2009, 373 (9676): 1693-1733.

[19] PERKINS S E, ALEXANDER L V, NAIRN J R. Increasing frequency, intensity and duration of observed global heatwaves and warm spells [J] . Geophysical Research Letters, 2012, 39 (20) .

[20] MARTIELLO M A, GIACCHI M V. High temperatures and health outcomes: a review of the literature [J] . Scandinavian journal of public health, 2010, 38 (8): 826-837.

[21] LOUGHNAN M, NICHOLLS N, TAPPER N. Mortality–temperature thresholds for ten major population centres in rural Victoria, Australia [J]. Health & place, 2010, 16 (6): 1287-1290.

[22] HAINES A, KOVATS R S, CAMPBELL-LENDRUM D, et al. Climate change and human health: impacts, vulnerability, and mitigation [J] . The Lancet, 2006, 367 (9528): 2101-2109.

[23] BAI L, DING G, GU S, et al. The effects of summer temperature and heat waves on heat-related illness in a coastal city of China, 2011–2013 [J] . Environmental research, 2014, 132: 212-219.

[24] BUSTINZA R, LEBEL G, GOSSELIN P, et al. Health impacts of the July 2010 heat wave in Quebec, Canada [J] . BMC public health, 2013, 13 (1): 1-7.

[25] FOUILLET A, REY G, LAURENT F, et al. Excess mortality related to the August 2003 heat wave in France [J] . International archives of occupational and environmental health, 2006, 80: 16-24.

[26] HANNA E G, KJELLSTROM T, BENNETT C, et al. Climate change and rising heat: population health implications for working people in Australia [J] . Asia Pacific Journal of Public Health, 2011, 23 (2_suppl): 14S-26S.

[27] YIN Q, WANG J. The association between consecutive days' heat wave and cardiovascular disease mortality in Beijing, China [J] . BMC public health, 2017, 17 (1): 1-9.

[28] BEGGS P J. Impacts of climate and climate change on medications and human health [J] . Australian and New Zealand Journal of Public Health, 2000, 24 (6): 630-632.

[29] UEJIO C K, WILHELMI O V, GOLDEN J S, et al. Intra-urban societal vulnerability to extreme heat: the role of heat exposure and the built environment, socioeconomics, and neighborhood stability [J]. Health & place, 2011, 17 (2): 498-507.

[30] KLINENBERG E. Heat wave: A social autopsy of disaster in Chicago [M]. Chicago: University of Chicago press, 2015.

[31] BAMBRICK H J, CAPON A G, BARNETT G B, et al. Climate change and health in the urban environment: adaptation opportunities in Australian cities [J]. Asia Pacific Journal of Public Health, 2011, 23 (2_suppl): 67S-79S.

[32] TOMLINSON C J, CHAPMAN L, THORNES J E, et al. Including the urban heat island in spatial heat health risk assessment strategies: a case study for Birmingham, UK [J]. International journal of health geographics, 2011, 10 (1): 1-14.

[33] XING Y, BRIMBLECOMBE P. Role of vegetation in deposition and dispersion of air pollution in urban parks [J]. Atmospheric Environment, 2019, 201: 73-83.

[34] 羊腾跃，刘红年，王学远，等. 城市植被对杭州市大气污染物浓度的影响 [J]. 环境监测管理与技术，2021.

[35] YIN S, SHEN Z, ZHOU P, et al. Quantifying air pollution attenuation within urban parks: An experimental approach in Shanghai, China [J]. Environmental pollution, 2011, 159 (8-9): 2155-2163.

[36] JAAFARI S, SHABANI A A, MOEINADDINI M, et al. Applying landscape metrics and structural equation modeling to predict the effect of urban green space on air pollution and respiratory mortality in Tehran [J]. Environmental Monitoring and Assessment, 2020, 192: 1-15.

[37] SHEN Y S, LUNG S C C. Can green structure reduce the mortality of cardiovascular diseases? [J]. Science of the Total Environment, 2016, 566: 1159-1167.

[38] TAMOSIUNAS A, GRAZULEVICIENE R, LUKSIENE D, et al. Accessibility and use of urban green spaces, and cardiovascular health: findings from a Kaunas cohort study [J]. Environmental health, 2014, 13: 1-11.

[39] LI X, CHEN C, WANG W, et al. The contribution of national parks to human health and well-being: Visitors' perceived benefits of Wuyishan National Park [J]. International Journal of Geoheritage and Parks, 2021, 9 (1): 1-12.

[40] GRILLI G, MOHAN G, CURTIS J. Public park attributes, park visits, and associated health status [J]. Landscape and urban planning, 2020, 199: 103814.

[41] LIDIN K. Urbanship: In search for a comprehensive definition of urban environment [J]. проект байкал, 2015 (45): 84-89.

[42] GUO Y, ZENG H, ZHENG R, et al. The burden of lung cancer mortality attributable to fine particles in China [J]. Science of the Total Environment, 2017, 579: 1460-1466.

[43] LIU J, YIN H, TANG X, et al. Transition in air pollution, disease burden and

health cost in China：A comparative study of long-term and short-term exposure [J] . Environmental Pollution，2021，277：116770.

[44] CHEN B，SONG Y，KWAN M P，et al. How do people in different places experience different levels of air pollution? Using worldwide Chinese as a lens [J] . Environmental pollution，2018，238：874-883.

[45] JI H，WANG J，MENG B，et al. Research on adaption to air pollution in Chinese cities：Evidence from social media-based health sensing [J] . Environmental research，2022，210：112762.

[46] KUERBAN M，WAILI Y，FAN F，et al. Spatio-temporal patterns of air pollution in China from 2015 to 2018 and implications for health risks [J] . Environmental Pollution，2020，258：113659.

[47] CHAN K H，XIA X，HO K，et al. Regional and seasonal variations in household and personal exposures to air pollution in one urban and two rural Chinese communities：a pilot study to collect time-resolved data using static and wearable devices [J] . Environment international，2021，146：106217.

[48] JIANG L，HE S，ZHOU H. Spatio-temporal characteristics and convergence trends of $PM_{2.5}$ pollution：a case study of cities of air pollution transmission channel in Beijing-Tianjin-Hebei region，China [J] . Journal of Cleaner Production，2020，256：120631.

[49] WANG H，LI J，GAO M，et al. Spatiotemporal variability in long-term population exposure to $PM_{2.5}$ and lung cancer mortality attributable to $PM_{2.5}$ across the Yangtze River Delta (YRD) region over 2010–2016：A multistage approach [J] . Chemosphere，2020，257：127153.

[50] LI R，MEI X，CHEN L，et al. Long-term (2005–2017) view of atmospheric pollutants in central china using multiple satellite observations [J]. Remote Sensing，2020，12 (6)：1041.

[51] JIMENEZ CELSI R B，FABIAN M P，LANE K J. Spatiotemporal Trends in Air Pollution and the Built Environment in Urban Areas in Chile 2002-2015 [C] //ISEE Conference Abstracts，2018.

[52] XU W，SUN J，LIU Y，et al. Spatiotemporal variation and socioeconomic drivers of air pollution in China during 2005–2016 [J] . Journal of environmental management，2019，245：66-75.

[53] BORCK R，SCHRAUTH P. Population density and urban air quality [J] . Regional Science and Urban Economics，2021，86：103596.

[54] MA T，DUAN F，HE K，et al. Air pollution characteristics and their relationship with emissions and meteorology in the Yangtze River Delta region during 2014–2016 [J] . Journal of Environmental Sciences，2019，83：8-20.

[55] AREAL A T，ZHAO Q，WIGMANN C，et al. The effect of air pollution when modified

by temperature on respiratory health outcomes：A systematic review and meta-analysis [J]. Science of the Total Environment，2022，811：152336.

[56] SUN Z，ZHAN D，JIN F. Spatio-temporal characteristics and geographical determinants of air quality in cities at the prefecture level and above in China [J] . Chinese Geographical Science，2019，29：316-324.

[57] GRZĘDZICKA E. Is the existing urban greenery enough to cope with current concentrations of $PM_{2.5}$，PM10 and CO_2? [J] . Atmospheric Pollution Research，2019，10 (1)：219-233.

[58] KENNY G P，YARDLEY J，BROWN C，et al. Heat stress in older individuals and patients with common chronic diseases [J] . Cmaj，2010，182 (10)：1053-1060.

[59] PATZ J A，CAMPBELL-LENDRUM D，HOLLOWAY T，et al. Impact of regional climate change on human health [J] . Nature，2005，438 (7066)：310-317.

[60] MA W，ZENG W，ZHOU M，et al. The short-term effect of heat waves on mortality and its modifiers in China：an analysis from 66 communities [J] . Environment international，2015，75：103-109.

[61] SUN Z，WANG Q，CHEN C，et al. Projection of temperature-related excess mortality by integrating population adaptability under changing climate—China，2050s and 2080s [J] . China CDC weekly，2021，3 (33)：697.

[62] 武夕琳，刘庆生，刘高焕，等 . 高温热浪风险评估研究综述 [J] . 地球信息科学学报，2019，21 (7)：1029-1039.

[63] INOSTROZA L，PALME M，DE LA BARRERA F. A heat vulnerability index：spatial patterns of exposure，sensitivity and adaptive capacity for Santiago de Chile [J] . PLOS one，2016，11 (9)：e0162464.

[64] CHEN Q，DING M，YANG X，et al. Spatially explicit assessment of heat health risk by using multi-sensor remote sensing images and socioeconomic data in Yangtze River Delta，China [J] . International Journal of Health Geographics，2018，17 (1)：1-15.

[65] 谢铖，黄波，刘晓倩，等 . 基于手机定位数据的深圳市热浪人口暴露度分析 [J] . 地理科学进展，2020，39 (2)：231-242.

[66] NAYAK S G，SHRESTHA S，KINNEY P L，et al. Development of a heat vulnerability index for New York State [J] . Public Health，2018，161：127-137.

[67] JUN Y，LIU H Z，OU C Q，et al. Impact of heat wave in 2005 on mortality in Guangzhou，China [J] . Biomedical and Environmental Sciences，2013，26 (8)：647-654.

[68] 郑雪梅，王怡，吴小影，等 . 近 20 年福建省沿海与内陆城市高温热浪脆弱性比较 [J] . 地理科学进展，2016(10)：1197-1205.

[69] AUBRECHT C，ÖZCEYLAN D. Identification of heat risk patterns in the US National Capital Region by integrating heat stress and related vulnerability [J] . Environment

international，2013，56：65-77.

[70] GHIMIRE L P，KIM Y. An analysis on barriers to renewable energy development in the context of Nepal using AHP [J] . Renewable energy，2018，129：446-456.

[71] EL-ZEIN A，TONMOY F N. Assessment of vulnerability to climate change using a multi-criteria outranking approach with application to heat stress in Sydney [J] . Ecological Indicators，2015，48：207-217.

[72] MANTLER A，LOGAN A C. Natural environments and mental health [J] . Advances in Integrative Medicine，2015，2（1）：5-12.

[73] MACKERRON G，MOURATO S. Happiness is greater in natural environments [J] . Global environmental change，2013，23（5）：992-1000.

[74] JAMES P，BANAY R F，HART J E，et al. A review of the health benefits of greenness [J] . Current epidemiology reports，2015，2：131-142.

[75] TZOULAS K，KORPELA K，VENN S，et al. Promoting ecosystem and human health in urban areas using Green Infrastructure：A literature review [J] . Landscape and urban planning，2007，81（3）：167-178.

[76] BARTON J，PRETTY J. What is the best dose of nature and green exercise for improving mental health? A multi-study analysis [J] . Environmental science & technology，2010，44（10）：3947-3955.

[77] BOWLER D E，BUYUNG-ALI L M，KNIGHT T M，et al. A systematic review of evidence for the added benefits to health of exposure to natural environments [J] . BMC public health，2010，10（1）：1-10.

[78] VAN DEN BOSCH M，SANG Å O. Urban natural environments as nature-based solutions for improved public health–A systematic review of reviews [J] . Environmental research，2017，158：373-384.

[79] VAN DEN BERG M，WENDEL-VOS W，VAN POPPEL M，et al. Health benefits of green spaces in the living environment：A systematic review of epidemiological studies [J]. Urban forestry & urban greening，2015，14（4）：806-816.

[80] GASCON M，TRIGUERO-MAS M，MARTÍNEZ D，et al. Residential green spaces and mortality：A systematic review [J] . Environment international，2016，86：60-67.

[81] LIDDICOAT C，BI P，WAYCOTT M，et al. Landscape biodiversity correlates with respiratory health in Australia [J] . Journal of environmental management，2018，206：113-122.

[82] WU J，HE Q，CHEN Y，et al. Dismantling the fence for social justice? Evidence based on the inequity of urban green space accessibility in the central urban area of Beijing [J] . Environment and Planning B：Urban Analytics and City Science，2020，47（4）：626-644.

[83] YOU H. Characterizing the inequalities in urban public green space provision in Shenzhen,

China [J] . Habitat International, 2016, 56: 176-180.

[84] XIAO Y, LI Z, WEBSTER C. Estimating the mediating effect of privately-supplied green space on the relationship between urban public green space and property value: Evidence from Shanghai, China [J] . Land Use Policy, 2016, 54: 439-447.

[85] XIAO Y, WANG Z, LI Z, et al. An assessment of urban park access in Shanghai–Implications for the social equity in urban China [J] . Landscape and urban planning, 2017, 157: 383-393.

[86] CHALMIN-PUI L S, ROE J, GRIFFITHS A, et al. "It made me feel brighter in myself"- The health and well-being impacts of a residential front garden horticultural intervention [J]. Landscape and urban planning, 2021, 205: 103958.

[87] QIN B, ZHU W, WANG J, et al. Understanding the relationship between neighbourhood green space and mental wellbeing: A case study of Beijing, China [J] . Cities, 2021, 109: 103039.

[88] YOO E H, ROBERTS J E, EUM Y, et al. Exposure to urban green space may both promote and harm mental health in socially vulnerable neighborhoods: A neighborhood-scale analysis in New York City [J] . Environmental Research, 2022, 204: 112292.

[89] EBI K L, CAPON A, BERRY P, et al. Hot weather and heat extremes: health risks [J]. The lancet, 2021, 398 (10301): 698-708.

[90] THOMPSON R, HORNIGOLD R, PAGE L, et al. Associations between high ambient temperatures and heat waves with mental health outcomes: a systematic review [J] . Public health, 2018, 161: 171-191.

[91] PUDPONG N, HAJAT S. High temperature effects on out-patient visits and hospital admissions in Chiang Mai, Thailand [J] . Science of the Total Environment, 2011, 409 (24): 5260-5267.

[92] SONG X, WANG S, LI T, et al. The impact of heat waves and cold spells on respiratory emergency department visits in Beijing, China [J] . Science of the total environment, 2018, 615: 1499-1505.

[93] QU Y, ZHANG W, RYAN I, et al. Ambient extreme heat exposure in summer and transitional months and emergency department visits and hospital admissions due to pregnancy complications [J] . Science of The Total Environment, 2021, 777: 146134.

[94] DIMITROVA A, INGOLE V, BASAGANA X, et al. Association between ambient temperature and heat waves with mortality in South Asia: systematic review and meta-analysis [J] . Environment International, 2021, 146: 106170.

[95] ROYÉ D, TOBÍAS A, FIGUEIRAS A, et al. Temperature-related effects on respiratory medical prescriptions in Spain [J] . Environmental Research, 2021, 202: 111695.

[96] 罗晓兰. 社交媒体中的健康信息分析与健康促进 [J]. 中华医学图书情报杂志, 2017, 26 (10): 22-29..

[97] KHOURY M J，IOANNIDIS J P A. Big data meets public health [J]. Science，2014，346（6213）：1054-1055.

[98] FUNG I C H，TSE Z T H，FU K W. Converting Big Data into public health [J]. Science，2015，347（6222）：620-620.

[99] KASS-HOUT T A，ALHINNAWI H. Social media in public health [J]. British medical bulletin，2013，108（1）.

[100] ACHREKAR H，GANDHE A，LAZARUS R，et al. Predicting flu trends using twitter data [C] //2011 IEEE conference on computer communications workshops（INFOCOM WKSHPS）. IEEE，2011：702-707.

[101] PARISH M B，YELLOWLEES P. The rise of person-centered healthcare and the influence of health informatics and social network applications on mental health care [M] //Mental health informatics. Berlin，Heidelberg：Springer Berlin Heidelberg，2013：17-39.

[102] GKOTSIS G，OELLRICH A，VELUPILLAI S，et al. Characterisation of mental health conditions in social media using Informed Deep Learning [J]. Scientific reports，2017，7（1）：45141.

[103] ALLEN C，TSOU M H，ASLAM A，et al. Applying GIS and machine learning methods to Twitter data for multiscale surveillance of influenza [J]. PloS one，2016，11（7）：e0157734.

[104] CAI J，HUANG B，SONG Y. Using multi-source geospatial big data to identify the structure of polycentric cities [J]. Remote Sensing of Environment，2017，202：210-221.

[105] MORSTATTER F，LIU H. Discovering，assessing，and mitigating data bias in social media [J]. Online Social Networks and Media，2017，1：1-13.

[106] 宋长青．地理学研究范式的思考 [J]．地理科学进展，2016（1）：1-3.

[107] KAY S，ZHAO B，SUI D. Can social media clear the air? A case study of the air pollution problem in Chinese cities [J]. The Professional Geographer，2015，67（3）：351-363.

[108] ZHENG S，WANG J，SUN C，et al. Air pollution lowers Chinese urbanites' expressed happiness on social media [J]. Nature human behaviour，2019，3（3）：237-243.

[109] CHEN J，CHEN H，WU Z，et al. Forecasting smog-related health hazard based on social media and physical sensor [J]. Information Systems，2017，64：281-291.

[110] 谢盼，王仰麟，彭建，等．基于居民健康的城市高温热浪灾害脆弱性评价：研究进展与框架 [J]．地理科学进展，2015（2）：165-174.

[111] 李欢欢，张明顺．北京市高温热浪健康风险评估框架及应用 [J]．环境与健康杂志，2020.

[112] MITCHELL L，FRANK M R，HARRIS K D，et al. The geography of happiness：

Connecting twitter sentiment and expression, demographics, and objective characteristics of place [J] . PloS one, 2013, 8 (5): e64417.

[113] YANG W, MU L. GIS analysis of depression among Twitter users [J] . Applied Geography, 2015, 60: 217-223.

[114] LANSLEY G, LONGLEY P A. The geography of Twitter topics in London [J] . Computers, Environment and Urban Systems, 2016, 58: 85-96.

[115] 刘瑜，詹朝晖，朱递，等 . 集成多源地理大数据感知城市空间分异格局 [J] . 武汉大学学报(信息科学版)，2018，43 (3)：327-335.

[116] 孙立财，陈以松，熊杰，等 . 多源地址要素可信度评估：以道路要素为例 [J] . 测绘通报，2021(10)：108.

[117] 刘云霞 . 微博文本语义位置与签到位置的一致性评价 [D] . 河北师范大学，2020.

[118] 谭永滨，侯梦飞，张志军，等 . 基于模式匹配的交通微博文本位置信息提取模型 [J] . Geography & Geographic Information Science，2021，37 (5) .

[119] 王黠 . 基于微博的位置推测技术研究 [D] . 杭州电子科技大学，2014.

[120] ZHI Y, LI H, WANG D, et al. Latent spatio-temporal activity structures: A new approach to inferring intra-urban functional regions via social media check-in data [J] . Geo-spatial Information Science, 2016, 19 (2): 94-105.

[121] 邬柯杰，吴吉东，叶梦琪 . 社交媒体数据在自然灾害应急管理中的应用研究综述 [J] . 地理科学进展，2020，39 (8)：1412-1422.

[122] VOOGT J A, OKE T R. Thermal remote sensing of urban climates [J] . Remote sensing of environment, 2003, 86 (3): 370-384.

[123] OKE T R. The energetic basis of the urban heat island [J] . Quarterly journal of the royal meteorological society, 1982, 108 (455): 1-24.

[124] WANG W C, ZENG Z, KARL T R. Urban heat islands in China [J] . Geophysical Research Letters, 1990, 17 (13): 2377-2380.

[125] HUANG L, LI J, ZHAO D, et al. A fieldwork study on the diurnal changes of urban microclimate in four types of ground cover and urban heat island of Nanjing, China [J] . Building and environment, 2008, 43 (1): 7-17.

[126] LI Q, ZHANG H, LIU X, et al. Urban heat island effect on annual mean temperature during the last 50 years in China [J] . Theoretical and Applied Climatology, 2004, 79: 165-174.

[127] WENG Q. Thermal infrared remote sensing for urban climate and environmental studies: Methods, applications, and trends [J] . ISPRS Journal of photogrammetry and remote sensing, 2009, 64 (4): 335-344.

[128] ZHOU D, BONAFONI S, ZHANG L, et al. Remote sensing of the urban heat island effect in a highly populated urban agglomeration area in East China [J] . Science of the Total Environment, 2018, 628: 415-429.

[129] TRAN H，UCHIHAMA D，OCHI S，et al. Assessment with satellite data of the urban heat island effects in Asian mega cities [J]. International journal of applied Earth observation and Geoinformation，2006，8 (1)：34-48.

[130] IMHOFF M L，ZHANG P，WOLFE R E，et al. Remote sensing of the urban heat island effect across biomes in the continental USA [J]. Remote sensing of environment，2010，114 (3)：504-513.

[131] CLINTON N，GONG P. MODIS detected surface urban heat islands and sinks：Global locations and controls [J]. Remote Sensing of Environment，2013，134：294-304.

[132] STEWART I D，OKE T R. Local climate zones for urban temperature studies [J]. Bulletin of the American Meteorological Society，2012，93 (12)：1879-1900.

[133] WANG K，WANG J，WANG P，et al. Influences of urbanization on surface characteristics as derived from the Moderate□Resolution Imaging Spectroradiometer：A case study for the Beijing metropolitan area [J]. Journal of Geophysical Research：Atmospheres，2007，112 (D22).

[134] ZHANG H，QI Z，YE X，et al. Analysis of land use/land cover change，population shift，and their effects on spatiotemporal patterns of urban heat islands in metropolitan Shanghai，China [J]. Applied Geography，2013，44：121-133.

[135] CHEN Z，GONG C，WU J，et al. The influence of socioeconomic and topographic factors on nocturnal urban heat islands：a case study in Shenzhen，China [J]. International Journal of Remote Sensing，2012，33 (12)：3834-3849.

[136] CHEN X，SU Y，LI D，et al. Study on the cooling effects of urban parks on surrounding environments using Landsat TM data：a case study in Guangzhou，southern China [J]. International journal of remote sensing，2012，33 (18)：5889-5914.

[137] ZHOU X，WANG Y I C. Dynamics of land surface temperature in response to land□use/cover change [J]. Geographical Research，2011，49 (1)：23-36.

[138] XIAO H，WENG Q. The impact of land use and land cover changes on land surface temperature in a karst area of China [J]. Journal of environmental management，2007，85 (1)：245-257.

[139] BAO T，LI X，ZHANG J，et al. Assessing the distribution of urban green spaces and its anisotropic cooling distance on urban heat island pattern in Baotou，China [J]. ISPRS International Journal of Geo-Information，2016，5 (2)：12.

[140] ZHOU D，ZHANG L，HAO L，et al. Spatiotemporal trends of urban heat island effect along the urban development intensity gradient in China [J]. Science of the Total Environment，2016，544：617-626.

[141] KOLOVOS A，SKUPIN A，JERRETT M，et al. Multi-perspective analysis and spatiotemporal mapping of air pollution monitoring data [J]. Environmental science & technology，2010，44 (17)：6738-6744.

[142] DELGADO T R, SHAOHUA W, ERSHUN Z, et al. Competitive learning approach to GIS based land use suitability analysis [J]. Journal of Resources and Ecology, 2016, 7 (6): 430-437.

[143] AGARWAL P, SKUPIN A. Self-organising maps: Applications in geographic information science [M]. New York: John Wiley & Sons, 2008.

[144] HONG T. A close look at the China design standard for energy efficiency of public buildings [J]. Energy and Buildings, 2009, 41 (4): 426-435.

[145] ZHENG D, LI B. China's Eco-Geographical Region Map [J]. 2008.

[146] SANJIAN A. Öke›s Armenian question re-examined [J]. Middle Eastern Studies, 2006, 42 (5): 831-839.

[147] WANG J, HUANG B, FU D, et al. Spatiotemporal variation in surface urban heat island intensity and associated determinants across major Chinese cities [J]. Remote Sensing, 2015, 7 (4): 3670-3689.

[148] BOUNOUA L, SAFIA A, MASEK J, et al. Impact of urban growth on surface climate: A case study in Oran, Algeria [J]. Journal of applied meteorology and climatology, 2009, 48 (2): 217-231.

[149] FRIEDL M A, SULLA-MENASHE D, TAN B, et al. MODIS Collection 5 global land cover: Algorithm refinements and characterization of new datasets [J]. Remote sensing of Environment, 2010, 114 (1): 168-182.

[150] VANDER HEYDEN Y, VANKEERBERGHEN P, NOVIC M, et al. The application of Kohonen neural networks to diagnose calibration problems in atomic absorption spectrometry [J]. Talanta, 2000, 51 (3): 455-466.

[151] CARNAHAN W H, LARSON R C. An analysis of an urban heat sink [J]. Remote sensing of Environment, 1990, 33 (1): 65-71.

[152] SCHWARZ N, SCHLINK U, FRANCK U, et al. Relationship of land surface and air temperatures and its implications for quantifying urban heat island indicators—An application for the city of Leipzig (Germany) [J]. Ecological indicators, 2012, 18: 693-704.

[153] RAEI E, NIKOO M R, AGHAKOUCHAK A, et al. GHWR, a multi-method global heatwave and warm-spell record and toolbox [J]. Scientific data, 2018, 5 (1): 1-15.

[154] TAN J, ZHENG Y, SONG G, et al. Heat wave impacts on mortality in Shanghai, 1998 and 2003 [J]. International journal of biometeorology, 2007, 51: 193-200.

[155] ANDERSON B G, BELL M L. Weather-related mortality: how heat, cold, and heat waves affect mortality in the United States [J]. Epidemiology (Cambridge, Mass.), 2009, 20 (2): 205.

[156] GHOBADI A, KHOSRAVI M, TAVOUSI T. Surveying of heat waves impact on the urban heat islands: Case study, the Karaj City in Iran [J]. Urban climate, 2018, 24:

600-615.

[157] 张尚印，张海东，徐祥德，等 . 我国东部三市夏季高温气候特征及原因分析 [J] . 高原气象，2005，24 (5)：829-835.

[158] KEELLINGS D，WAYLEN P. Increased risk of heat waves in Florida：Characterizing changes in bivariate heat wave risk using extreme value analysis [J] . Applied Geography，2014，46：90-97.

[159] HE C，MA L，ZHOU L，et al. Exploring the mechanisms of heat wave vulnerability at the urban scale based on the application of big data and artificial societies [J] . Environment international，2019，127：573-583.

[160] MAZDIYASNI O，AGHAKOUCHAK A，DAVIS S J，et al. Increasing probability of mortality during Indian heat waves [J] . Science advances，2017，3 (6)：e1700066.

[161] HAJAT S，SHERIDAN S C，ALLEN M J，et al. Heat–health warning systems：a comparison of the predictive capacity of different approaches to identifying dangerously hot days [J] . American journal of public health，2010，100 (6)：1137-1144.

[162] HONDULA D M，DAVIS R E，SAHA M V，et al. Geographic dimensions of heat-related mortality in seven US cities [J] . Environmental research，2015，138：439-452.

[163] ZHENG B，MYINT S W，FAN C. Spatial configuration of anthropogenic land cover impacts on urban warming [J] . Landscape and Urban Planning，2014，130：104-111.

[164] LI X，WANG L，CHENG Q，et al. Cloud removal in remote sensing images using nonnegative matrix factorization and error correction [J] . ISPRS journal of photogrammetry and remote sensing，2019，148：103-113.

[165] NORI-SARMA A，ANDERSON G B，RAJIVA A，et al. The impact of heat waves on mortality in Northwest India [J] . Environmental research，2019，176：108546.

[166] ROYÉ D，CODESIDO R，TOBÍAS A，et al. Heat wave intensity and daily mortality in four of the largest cities of Spain [J] . Environmental research，2020，182：109027.

[167] DÍAZ J，CARMONA R，MIRÓN I J，et al. Geographical variation in relative risks associated with heat：update of Spain's Heat Wave Prevention Plan [J] . Environment international，2015，85：273-283.

[168] CECINATI F，MATTHEWS T，NATARAJAN S，et al. Mining social media to identify heat waves [J] . International journal of environmental research and public health，2019，16 (5)：762.

[169] DEVLIN J，CHANG M W，LEE K，et al. Bert: Pre-training of deep bidirectional transformers for language understanding. [C] //In Proceedings of the 2019 Conference of the North American Chapter of the Association for Computational Linguistics：Human Language Technologies，Volume 1 (long and Short Papers) . Minneapolis，Minnesota：Association for Computational Linguistics，2019：4171-4186.

［170］ MARSHA A，SAIN S R，HEATON M J，et al. Influences of climatic and population changes on heat-related mortality in Houston，Texas，USA［J］. Climatic change，2018，146：471-485.

［171］ ZUO J，PULLEN S，PALMER J，et al. Impacts of heat waves and corresponding measures：a review［J］. Journal of Cleaner Production，2015，92：1-12.

［172］ CAMPBELL S，REMENYI T A，WHITE C J，et al. Heatwave and health impact research：A global review［J］. Health & place，2018，53：210-218.

［173］ ANDERSON G B，OLESON K W，JONES B，et al. Projected trends in high-mortality heatwaves under different scenarios of climate，population，and adaptation in 82 US communities［J］. Climatic change，2018，146：455-470.

［174］ SMID M，RUSSO S，COSTA A C，et al. Ranking European capitals by exposure to heat waves and cold waves［J］. Urban Climate，2019，27：388-402.

［175］ LI X X. Heat wave trends in Southeast Asia during 1979–2018：The impact of humidity［J］. Science of The Total Environment，2020，721：137664.

［176］ WARD K，LAUF S，KLEINSCHMIT B，et al. Heat waves and urban heat islands in Europe：A review of relevant drivers［J］. Science of the Total Environment，2016，569：527-539.

［177］ WU X，WANG L，YAO R，et al. Quantitatively evaluating the effect of urbanization on heat waves in China［J］. Science of the Total Environment，2020，731：138857.

［178］ GU S，HUANG C，BAI L，et al. Heat-related illness in China，summer of 2013［J］. International journal of biometeorology，2016，60：131-137.

［179］ XIA Y，LI Y，GUAN D，et al. Assessment of the economic impacts of heat waves：a case study of Nanjing，China［J］. Journal of Cleaner Production，2018，171：811-819.

［180］ LU C，SUN Y，WAN H，et al. Anthropogenic influence on the frequency of extreme temperatures in China［J］. Geophysical Research Letters，2016，43（12）：6511-6518.

［181］ D'IPPOLITI D，MICHELOZZI P，MARINO C，et al. The impact of heat waves on mortality in 9 European cities：results from the EuroHEAT project［J］. Environmental Health，2010，9（1）：1-9.

［182］ FISCHER E M，SCHÄR C. Consistent geographical patterns of changes in high-impact European heatwaves［J］. Nature geoscience，2010，3（6）：398-403.

［183］ GUERREIRO S B，DAWSON R J，KILSBY C，et al. Future heat-waves，droughts and floods in 571 European cities［J］. Environmental Research Letters，2018，13（3）：034009.

［184］ PEREIRA S C，MARTA□ALMEIDA M，CARVALHO A C，et al. Heat wave and cold spell changes in Iberia for a future climate scenario［J］. International Journal of

Climatology，2017，37（15）：5192-5205.

[185] FISCHER E M，OLESON K W，LAWRENCE D M. Contrasting urban and rural heat stress responses to climate change [J]. Geophysical research letters，2012，39（3）.

[186] HUANG W，KAN H，KOVATS S. The impact of the 2003 heat wave on mortality in Shanghai，China [J]. Science of the total environment，2010，408（11）：2418-2420.

[187] ZENG W，LAO X，RUTHERFORD S，et al. The effect of heat waves on mortality and effect modifiers in four communities of Guangdong Province，China [J]. Science of the Total Environment，2014，482：214-221.

[188] CHEN K，BI J，CHEN J，et al. Influence of heat wave definitions to the added effect of heat waves on daily mortality in Nanjing，China [J]. Science of the Total Environment，2015，506：18-25.

[189] YANG Y，JIN C，ALI S. Projection of heat wave in China under global warming targets of 1.5℃ and 2℃ by the ISIMIP models [J]. Atmospheric Research，2020，244：105057.

[190] GAO J，SUN Y，LIU Q，et al. Impact of extreme high temperature on mortality and regional level definition of heat wave：a multi-city study in China [J]. Science of the total environment，2015，505：535-544.

[191] HONG H，SUN J，WANG H. Interdecadal variation in the frequency of extreme hot events in Northeast China and the possible mechanism [J]. Atmospheric research，2020，244：105065.

[192] YU R，ZHAI P，CHEN Y. Facing climate change-related extreme events in megacities of China in the context of 1.5℃ global warming [J]. Current opinion in environmental sustainability，2018，30：75-81.

[193] NING P F，WAN Y C，REN F. Sina Weibo for the data of time and space hot event detection method [J]. Geomat. Spat. Inf. Technol，2017，40：33-43.

[194] GAO X，CAO J，HE Q，et al. A novel method for geographical social event detection in social media [C] //Proceedings of the fifth international conference on internet multimedia computing and service. 2013：305-308.

[195] RUSSO S，SILLMANN J，FISCHER E M. Top ten European heatwaves since 1950 and their occurrence in the coming decades [J]. Environmental Research Letters，2015，10（12）：124003.

[196] ZHANG H，WANG Z，ZHANG W. Exploring spatiotemporal patterns of $PM_{2.5}$ in China based on ground-level observations for 190 cities [J]. Environmental Pollution，2016，216：559-567.

[197] WANG Y，LI W，GAO W，et al. Trends in particulate matter and its chemical compositions in China from 2013–2017 [J]. Science China Earth Sciences，2019，62（12）：1857-1871.

[198] SAKAKI T, OKAZAKI M, MATSUO Y. Earthquake shakes twitter users: real-time event detection by social sensors [C] //Proceedings of the 19th international conference on World wide web. 2010: 851-860.

[199] 陈兴蜀，常天祐，王海舟，等．基于微博数据的“新冠肺炎疫情”舆情演化时空分析 [J]．四川大学学报(自然科学版)，2020，57 (2): 409-416.

[200] 梁军，柴玉梅，原慧斌，等．基于深度学习的微博情感分析 [J]．中文信息学报，2014，28 (5): 155-161.

[201] 刘坚，孟斌，陈思宇，等．多源大数据下的北京市居民就餐活动与城市空间关系探究 [J]．人文地理，2021，36 (2): 63-72.

[202] 盛宇．基于微博的学科热点发现，追踪与分析：以数据挖掘领域为例 [J]．图书情报工作，2012，56 (08): 32.

[203] 张玲，黄春江，王艺，等．空气中各污染物浓度与儿童急性中耳炎，急性扁桃体炎发生的相关性 [J]．Journal of Kunming Medical University/Kunming Yike Daxue Xuebao，2019，40 (1).

[204] GENG G, ZHENG Y, ZHANG Q, et al. Drivers of $PM_{2.5}$ air pollution deaths in China 2002–2017 [J]. Nature Geoscience, 2021, 14 (9): 645-650.

[205] MAJI K J, DIKSHIT A K, ARORA M, et al. Estimating premature mortality attributable to $PM_{2.5}$ exposure and benefit of air pollution control policies in China for 2020 [J]. Science of the Total Environment, 2018, 612: 683-693.

[206] LI H J, ZHOU D Q, WEI Y J. An assessment of $PM_{2.5}$-related health risks and associated economic losses in Chinese cities [J]. Huan Jing ke Xue= Huanjing Kexue, 2018, 39 (8): 3467-3475.

[207] COHEN A J, BRAUER M, BURNETT R, et al. Estimates and 25-year trends of the global burden of disease attributable to ambient air pollution: an analysis of data from the Global Burden of Diseases Study 2015 [J]. The lancet, 2017, 389 (10082): 1907-1918.

[208] LIANG W M, WEI H Y, KUO H W. Association between daily mortality from respiratory and cardiovascular diseases and air pollution in Taiwan [J]. Environmental research, 2009, 109 (1): 51-58.

[209] SZYSZKOWICZ M, KOUSHA T, CASTNER J, et al. Air pollution and emergency department visits for respiratory diseases: a multi-city case crossover study [J]. Environmental Research, 2018, 163: 263-269.

[210] WU S, NI Y, LI H, et al. Short-term exposure to high ambient air pollution increases airway inflammation and respiratory symptoms in chronic obstructive pulmonary disease patients in Beijing, China [J]. Environment international, 2016, 94: 76-82.

[211] CHANG C C, TSAI S S, HO S C, et al. Air pollution and hospital admissions for cardiovascular disease in Taipei, Taiwan [J]. Environmental Research, 2005, 98 (1):

114-119.

[212] JOHNSON D，PARKER J D. Air pollution exposure and self-reported cardiovascular disease [J]. Environmental research，2009，109 (5)：582-589.

[213] WHITE A J，GREGOIRE A M，NIEHOFF N M，et al. Air pollution and breast cancer risk in the Black Women's Health Study [J]. Environmental research，2021，194：110651.

[214] YANG S，KIM O J，SHIN M，et al. Association between long-term exposure to high levels of ambient air pollution and incidence of lung cancer in a population-based cohort [J]. Environmental Research，2021，198：111214.

[215] BUOLI M，GRASSI S，CALDIROLI A，et al. Is there a link between air pollution and mental disorders? [J]. Environment international，2018，118：154-168.

[216] LI H，ZHANG S，QIAN Z M，et al. Short-term effects of air pollution on cause-specific mental disorders in three subtropical Chinese cities [J]. Environmental Research，2020，191：110214.

[217] CHU L，DU H，LI T，et al. Short-term associations between particulate matter air pollution and hospital admissions through the emergency room for urinary system disease in Beijing，China：A time-series study [J]. Environmental Pollution，2021，289：117858.

[218] ZHOU H，GENG H，DONG C，et al. The short-term harvesting effects of ambient particulate matter on mortality in Taiyuan elderly residents：A time-series analysis with a generalized additive distributed lag model [J]. Ecotoxicology and Environmental Safety，2021，207：111235.

[219] CAO Z，WU Z，LI S，et al. Exploring spatiotemporal variation characteristics of exceedance air pollution risk using social media big data [J]. Environmental Research Letters，2020，15 (11)：114049.

[220] LIN X，DU Z，LIU Y，et al. The short-term association of ambient fine particulate air pollution with hypertension clinic visits：A multi-community study in Guangzhou，China [J]. Science of The Total Environment，2021，774：145707.

[221] CHEN R，ZHOU B，KAN H，et al. Associations of particulate air pollution and daily mortality in 16 Chinese cities：an improved effect estimate after accounting for the indoor exposure to particles of outdoor origin [J]. Environmental Pollution，2013，182：278-282.

[222] NAGEL A C，TSOU M H，SPITZBERG B H，et al. The complex relationship of realspace events and messages in cyberspace：case study of influenza and pertussis using tweets [J]. Journal of medical Internet research，2013，15 (10)：e237.

[223] PM P. Using internet searches for influenza surveillance [J]. Clin Infect Dis.，2008，47：1443-1448.

[224] WANG J, MENG B, PEI T, et al. Mapping the exposure and sensitivity to heat wave events in China's megacities [J]. Science of the Total Environment, 2021, 755: 142734.

[225] TICKELL C. The decline of China's environment [J]. 2004.

[226] CHEN W, ZHENG R, BAADE P D, et al. Cancer statistics in China, 2015 [J]. CA: a cancer journal for clinicians, 2016, 66 (2): 115-132.

[227] ZHOU X Y, ZHU F M, LI J P, et al. High-resolution analyses of human leukocyte antigens allele and haplotype frequencies based on 169, 995 volunteers from the China Bone Marrow Donor Registry Program [J]. PloS one, 2015, 10 (9): e0139485.

[228] WANG Y, DUAN X, LIANG T, et al. Analysis of spatio-temporal distribution characteristics and socioeconomic drivers of urban air quality in China [J]. Chemosphere, 2022, 291: 132799.

[229] HASTIE T J. Statistical models in S [M]. New York: Routledge, 2017: 249-307.

[230] RAVINDRA K, RATTAN P, MOR S, et al. Generalized additive models: Building evidence of air pollution, climate change and human health [J]. Environment international, 2019, 132: 104987.

[231] XIA Y, WU J, YE D. Poisson distribution and the development of probability theory: Siméon Denis Poisson [J]. Chinese Journal of Disease Control & Prevention, 2019: 881-884.

[232] YANG M, PAN X. Time-series analysis of air pollution and cardiovascular mortality in Beijing, China [J]. Journal of Environment and Health, 1992.

[233] BASU R, FENG W Y, OSTRO B D. Characterizing temperature and mortality in nine California counties [J]. Epidemiology, 2008: 138-145.

[234] ZANOBETTI A, SCHWARTZ J. Temperature and mortality in nine US cities [J]. Epidemiology (Cambridge, Mass.), 2008, 19 (4): 563.

[235] QIU H, CHUANG K J, BAI C H, et al. Association of ambient ozone with pneumonia hospital admissions in Hong Kong and Taipei: a tale of two Southeast Asian cities [J]. Environment international, 2021, 156: 106634.

[236] Liu Y, Zhan Z, Zhu D, et al. Incorporating multi-source big geo-data to sense spatial heterogeneity patterns in an urban space [J]. Geomatics and Information Science of Wuhan University, 2018, 43 (3): 327-335.

[237] WANG J, TETT S F B, YAN Z, et al. Have human activities changed the frequencies of absolute extreme temperatures in eastern China? [J]. Environmental Research Letters, 2018, 13 (1): 014012.

[238] KIM H Y. Analysis of variance (ANOVA) comparing means of more than two groups [J]. Restorative dentistry & endodontics, 2014, 39 (1): 74-77.

[239] POZZER A, DOMINICI F, HAINES A, et al. Regional and global contributions of air

pollution to risk of death from COVID-19 [J] . Cardiovascular research，2020，116 (14)：2247-2253.

[240] SUNYER J，SCHWARTZ J，TOBIAS A，et al. Patients with chronic obstructive pulmonary disease are at increased risk of death associated with urban particle air pollution：a case-crossover analysis [J] . American journal of epidemiology，2000，151 (1)：50-56.

[241] CHOU W S，HUNT Y M，BECKJORD E B，et al. Social media use in the United States：implications for health communication [J] . Journal of medical Internet research，2009，11 (4)：e1249.

[242] WANG J，JIA Y. Social media's influence on air quality improvement：Evidence from China [J] . Journal of Cleaner Production，2021，298：126769.

[243] LIU J，MENG B，WANG J，et al. Exploring the spatiotemporal patterns of residents' daily activities using text-based social media data：a case study of Beijing，China [J] . ISPRS International Journal of Geo-Information，2021，10 (6)：389.

[244] MENG Y，LU Y，XIANG H，et al. Short-term effects of ambient air pollution on the incidence of influenza in Wuhan，China：a time-series analysis [J] . Environmental Research，2021，192：110327.

[245] GISLER A，KORTEN I，DE HOOGH K，et al. Associations of air pollution and greenness with the nasal microbiota of healthy infants：A longitudinal study [J] . Environmental research，2021，202：111633.

[246] YU P，XU R，COELHO M S Z S，et al. The impacts of long-term exposure to $PM_{2.5}$ on cancer hospitalizations in Brazil [J] . Environment international，2021，154：106671.

[247] ZHOU Y M，FAN Y N，YAO C Y，et al. Association between short-term ambient air pollution and outpatient visits of anxiety：A hospital-based study in northwestern China [J] . Environmental Research，2021，197：111071.

[248] REN L，YANG W，BAI Z. Characteristics of major air pollutants in China [J] . Ambient air pollution and health impact in China，2017：7-26.

[249] WANG J F，LI X H，CHRISTAKOS G，et al. Geographical detectors□based health risk assessment and its application in the neural tube defects study of the Heshun Region，China [J] . International Journal of Geographical Information Science，2010，24 (1)：107-127.

[250] QIU J. China：the third pole [J] . Nat News，2008，454 (7203)：393–396.

[251] LUKS A M，SWENSON E R，BÄRTSCH P. Acute high-altitude sickness [J] . European Respiratory Review，2017，26 (143) .

[252] BURNETT R，CHEN H，SZYSZKOWICZ M，et al. Global estimates of mortality associated with long-term exposure to outdoor fine particulate matter [J] . Proceedings of the National Academy of Sciences，2018，115 (38)：9592-9597.

[253] YIN P，BRAUER M，COHEN A J，et al. The effect of air pollution on deaths，disease

burden, and life expectancy across China and its provinces, 1990–2017: an analysis for the Global Burden of Disease Study 2017 [J] . The Lancet Planetary Health, 2020, 4 (9): e386-e398.

[254] BOWE B, XIE Y, YAN Y, et al. Burden of cause-specific mortality associated with $PM_{2.5}$ air pollution in the United States [J] . JAMA network open, 2019, 2 (11): e1915834-e1915834.

[255] SHI W, BI J, LIU R, et al. Decrease in the chronic health effects from $PM_{2.5}$ during the 13th Five-Year Plan in China: Impacts of air pollution control policies [J] . Journal of Cleaner Production, 2021, 317: 128433.

[256] DU P, WANG J, NIU T, et al. $PM_{2.5}$ prediction and related health effects and economic cost assessments in 2020 and 2021: Case studies in Jing-Jin-Ji, China [J]. Knowledge-Based Systems, 2021, 233: 107487.

[257] ZHOU C, CHEN J, WANG S. Examining the effects of socioeconomic development on fine particulate matter ($PM_{2.5}$) in China's cities using spatial regression and the geographical detector technique [J] . Science of the Total Environment, 2018, 619: 436-445.

[258] SIDER T, ALAM A, ZUKARI M, et al. Land-use and socio-economics as determinants of traffic emissions and individual exposure to air pollution [J] . Journal of Transport Geography, 2013, 33: 230-239.

[259] XING Y, BRIMBLECOMBE P. Urban park layout and exposure to traffic-derived air pollutants [J] . Landscape and Urban Planning, 2020, 194: 103682.

[260] AHN H, LEE J, HONG A. Does urban greenway design affect air pollution exposure? A case study of Seoul, South Korea [J] . Sustainable Cities and Society, 2021, 72: 103038.

[261] ZHANG A, XIA C, LI W. Relationships between 3D urban form and ground-level fine particulate matter at street block level: Evidence from fifteen metropolises in China [J] . Building and Environment, 2022, 211: 108745.

[262] AHN H, LEE J, HONG A. Urban form and air pollution: Clustering patterns of urban form factors related to particulate matter in Seoul, Korea [J] . Sustainable Cities and Society, 2022, 81: 103859.

[263] YANG J, WANG Y, XIAO X, et al. Spatial differentiation of urban wind and thermal environment in different grid sizes [J] . Urban Climate, 2019, 28: 100458.

[264] LUO Z, WAN G, WANG C, et al. Urban pollution and road infrastructure: A case study of China [J] . China Economic Review, 2018, 49: 171-183.

[265] HANKEY S, LINDSEY G, MARSHALL J D. Population-level exposure to particulate air pollution during active travel: planning for low-exposure, health-promoting cities [J] . Environmental health perspectives, 2017, 125 (4): 527-534.

[266] DONG D, XU X, XU W, et al. The relationship between the actual level of air pollution and residents' concern about air pollution: evidence from Shanghai, China [J]. International journal of environmental research and public health, 2019, 16 (23): 4784.

[267] TIAN Y, JIANG Y, LIU Q, et al. Temporal and spatial trends in air quality in Beijing [J]. Landscape and Urban Planning, 2019, 185: 35-43.

[268] CHENG N, LI Y, CHENG B, et al. Comparisons of two serious air pollution episodes in winter and summer in Beijing [J]. Journal of Environmental sciences, 2018, 69: 141-154.

[269] EEA E E A. Air quality in Europe: 2019 report [J]. European Environment Agency, 2019.

[270] LU P, ZHANG Y, LIN J, et al. Multi-city study on air pollution and hospital outpatient visits for asthma in China [J]. Environmental Pollution, 2020, 257: 113638.

[271] DERYUGINA T, HEUTEL G, MILLER N H, et al. The mortality and medical costs of air pollution: Evidence from changes in wind direction [J]. American Economic Review, 2019, 109 (12): 4178-4219.

[272] BANSAL S, CHOWELL G, SIMONSEN L, et al. Big data for infectious disease surveillance and modeling [J]. The Journal of infectious diseases, 2016, 214 (suppl_4): S375-S379.

[273] MANISALIDIS I, STAVROPOULOU E, STAVROPOULOS A, et al. Environmental and health impacts of air pollution: a review [J]. Frontiers in public health, 2020, 8: 14.

[274] KHOURY M J, IOANNIDIS J P A. Big data meets public health [J]. Science, 2014, 346 (6213): 1054-1055.

[275] EDO-OSAGIE O, DE LA IGLESIA B, LAKE I, et al. A scoping review of the use of Twitter for public health research [J]. Computers in biology and medicine, 2020, 122: 103770.

[276] LICAI S U N, YISONG C, JIE X, et al. Evaluation of the credibility of multi-source address elements: A case study of road feature [J]. Bulletin of Surveying and Mapping, 2021 (10): 108.

[277] WU K, WU J, YE M. A review on the application of social media data in natural disaster emergency management [J]. Prog. Geogr, 2020, 39: 1412-1422.

[278] YANG F, WENDORF MUHAMAD J, YANG Q. Exploring environmental health on Weibo: a textual analysis of framing haze-related stories on Chinese social media [J]. International Journal of Environmental Research and Public Health, 2019, 16 (13): 2374.

[279] XIE S, LIU L, ZHANG X, et al. Mapping the annual dynamics of land cover in

Beijing from 2001 to 2020 using Landsat dense time series stack [J] . ISPRS Journal of Photogrammetry and Remote Sensing, 2022, 185: 201-218.

[280] MAJI K J, YE W F, ARORA M, et al. $PM_{2.5}$-related health and economic loss assessment for 338 Chinese cities [J] . Environment international, 2018, 121: 392-403..

[281] HUANG H, LONG R, CHEN H, et al. Exploring public attention about green consumption on Sina Weibo: Using text mining and deep learning [J] . Sustainable Production and Consumption, 2022, 30: 674-685.

[282] RABARI C, STORPER M. The digital skin of cities: urban theory and research in the age of the sensored and metered city, ubiquitous computing and big data [J] . Cambridge journal of regions, economy and society, 2015, 8 (1): 27-42.

[283] GORELICK N, HANCHER M, DIXON M, et al. Google Earth Engine: Planetary-scale geospatial analysis for everyone [J] . Remote sensing of Environment, 2017, 202: 18-27.

[284] FRANK L D, PIVO G. Impacts of mixed use and density on utilization of three modes of travel: single-occupant vehicle, transit, and walking [J] . Transportation research record, 1994, 1466: 44-52.

[285] RIMOLDI B, URBANKE R. Information theory [J] . The communications handbook, Boca Raton: CRC Press, 2002: 17-1.

[286] ZHENG Q, ZHAO X, JIN M, et al. A Study on Diversity of Physical Activities in Urban Parks Based on POI Mixed-use: A Case Study of Futian District, Shenzhen [J] . Planners, 2020, 36: 78-86.

[287] FITZ-SIMONS T. Guideline for reporting of daily air quality: Air Quality Index (AQI) [R] . Environmental Protection Agency, Office of Air Quality Planning and Standards, Research Triangle Park, NC (United States), 1999.

[288] MIAO L, LIU C, YANG X, et al. Spatiotemporal heterogeneity analysis of air quality in the Yangtze River Delta, China [J] . Sustainable Cities and Society, 2022, 78: 103603.

[289] BRUNSDON C, FOTHERINGHAM A S, CHARLTON M E. Geographically weighted regression: a method for exploring spatial nonstationarity [J] . Geographical analysis, 1996, 28 (4): 281-298.

[290] HSWEN Y, QIN Q, BROWNSTEIN J S, et al. Feasibility of using social media to monitor outdoor air pollution in London, England [J] . Preventive medicine, 2019, 121: 86-93.

[291] HARGITTAI E. Potential biases in big data: Omitted voices on social media [J] . Social Science Computer Review, 2020, 38 (1): 10-24.

[292] GU H, CAO Y, ELAHI E, et al. Human health damages related to air pollution in

China［J］. Environmental Science and Pollution Research，2019，26：13115-13125.

［293］CICHOWICZ R，WIELGOSIŃSKI G，FETTER W. Dispersion of atmospheric air pollution in summer and winter season［J］. Environmental monitoring and assessment，2017，189：1-10.

［294］LIANG D，WANG Y，WANG Y，et al. National air pollution distribution in China and related geographic，gaseous pollutant，and socio-economic factors［J］. Environmental Pollution，2019，250：998-1009.

［295］YANG J，SHI B，SHI Y，et al. Air pollution dispersal in high density urban areas：Research on the triadic relation of wind，air pollution，and urban form［J］. Sustainable Cities and Society，2020，54：101941.

［296］AMANO T，BUTT I，PEH K S H. The importance of green spaces to public health：a multi□continental analysis［J］. Ecological Applications，2018，28（6）：1473-1480.

［297］LIN B，LING C. Heating price control and air pollution in China：Evidence from heating daily data in autumn and winter［J］. Energy and Buildings，2021，250：111262.

［298］张西雅，扈海波. 基于多源数据的北京地区 $PM_{2.5}$ 暴露风险评估［J］. 北京大学学报，2018，54（5）：1103-1113.

后记

本研究项目综合多源遥感影像、微博和气象观测等数据，提出了虚拟空间视角下城市环境健康效应的健康评价指标和提取方法，构建联合地理空间和虚拟空间的城市环境健康效应研究模型，并以中国主要城市为研究区，深化了城市环境对健康影响的空间分异认知。本研究有助于丰富地理大数据与智能分析技术结合的地理学研究新范式，促进地理大数据服务城市应用。本研究工作存在的问题及后续研究展望总结如下。

目前，基于深度学习的微博情感分析技术已日趋成熟并广泛用于识别居民情绪。例如，德夫林（Devlin）[169] 提出的 BERT（Bidirectional Encoder Representations from Transformers）可通过迁移学习应对不同文本处理任务且具有较高精度。然而，现有应用研究的情感分析研究主要集中在将微博情感倾向性分为积极、消极及中性三大类或者是与否二大类，该粗粒度情感划分往往忽略了用户的情感表达，也不能完全涵盖用户的情感，更无法细化描述健康情况。近年来逐渐有关于细粒度的情感类型的研究，如支持向量机（Support Vector Machinies，SVM）模型能够提高学习机的推广能力，对处理短文本分类问题有较好效果，被证实更适用于提取细粒度情感类型。后续研究可基于细粒度的情感类型测度居民情绪健康等级，并结合专家知识和调查问卷制定健康分级标准。

微博大数据在城市环境健康影响的空间格局研究中尚处于探索阶段。目前研究多以城市整体为研究单元，基于社交媒体数据相关微博数量与地理实体进行时间序列匹配，表明两者具有明显的相关性，这些工作为从社会感知视角开展城市环境对健康影响的空间格局研究提供了理论支持。然而，融合多源地理大数据的多模态信息发现有价值的分布规律时存在尺度依赖性。为在城市内部尺度精准刻画城市环境健康影响的空间格局，还需进一步在多源地理大数据空间融合方面开展深入研究。

居民身心健康，尤其是情绪健康，受到地方经济活动、建成环境、自然资源等多因素的影响。目前，诸多学者以网格或区县为研究单元探讨城市环境健康影响的分异因素，例如绿化率、建筑密度、空间结构、城市形态等。城市绿地、公园、广场等公共空间暴露与居民情绪健康之间也存在着剂量依赖关系。实际上，不同人类活动强度和类型导致景观与社会经济驱动的城市环境存在空间差异，影响人群健康的城市建成环境因素与社会经济水平之间也存在着交互作用，不同因素可能通过不同但相互作用的机制影响着居民的健康状况。后续研究可考虑综合社会经济、建成环境等影响因子的空间异质性研究。